# ヒューマンコンピュテーションとクラウドソーシング

Human Computation and Crowdsourcing

鹿島久嗣
小山 聡
馬場雪乃

講談社

■ 編者
杉山　将　博士（工学）
東京大学大学院新領域創成科学研究科 教授

## ■ シリーズの刊行にあたって

インターネットや多種多様なセンサーから，大量のデータを容易に入手できる「ビッグデータ」の時代がやって来ました．現在，ビッグデータから新たな価値を創造するための取り組みが世界的に行われており，日本でも産学官が連携した研究開発体制が構築されつつあります．

ビッグデータの解析には，データの背後に潜む規則や知識を見つけ出す「機械学習」とよばれる知的データ処理技術が重要な働きをします．機械学習の技術は，近年のコンピュータの飛躍的な性能向上と相まって，目覚ましい速さで発展しています．そして，最先端の機械学習技術は，音声，画像，自然言語，ロボットなどの工学分野で大きな成功を収めるとともに，生物学，脳科学，医学，天文学などの基礎科学分野でも不可欠になりつつあります．

しかし，機械学習の最先端のアルゴリズムは，統計学，確率論，最適化理論，アルゴリズム論などの高度な数学を駆使して設計されているため，初学者が習得するのは極めて困難です．また，機械学習技術の応用分野は非常に多様なため，これらを俯瞰的な視点から学ぶことも難しいのが現状です．

本シリーズでは，これからデータサイエンス分野で研究を行おうとしている大学生・大学院生，および，機械学習技術を基礎科学や産業に応用しようとしている大学院生・研究者・技術者を主な対象として，ビッグデータ時代を牽引している若手・中堅の現役研究者が，発展著しい機械学習技術の数学的な基礎理論，実用的なアルゴリズム，さらには，それらの活用法を，入門的な内容から最先端の研究成果までわかりやすく解説します．

本シリーズが，読者の皆さんのデータサイエンスに対するより一層の興味を掻き立てるとともに，ビッグデータ時代を渡り歩いていくための技術獲得の一助となることを願います．

2014 年 11 月

「機械学習プロフェッショナルシリーズ」編者
杉山 将

## まえがき

いま，人工知能技術に大きな注目が集まっています．中でも深層学習を筆頭とした機械学習技術はその勢いを一層増しており，研究者や技術者だけでなく経営者やビジネスマンといった層にも浸透しつつあります．このままの勢いが続けば，近い未来に人工知能はさまざまなタスクにおいて人間を超え，これまで人間が果たしていた役割を奪ってしまうような例も少なからず出てくることでしょう．

しかし，すべての分野，すべての仕事のすべてのタスクにおいて，そのようなことが起こると結論づけるのは少し短絡的過ぎるかもしれません．確かに，著しい発展を遂げている深層学習は，特に予測においてその性能を大幅に上げてきており，多くのタスクにおいて予測精度が実用化の閾値を超えることによって，その応用は大きく花開くことでしょう．また，このブームの中で，投資や開発の決定権をもつ人々に，機械学習の考え方そのものが伝わったことにより，これまで機械学習が使われていなかった新しい領域においてもさまざまな形でその利用が試みられ，そのうちいくつかは大きなブレークスルーをもたらすでしょう．その社会的インパクトは非常に大きいといえます．

しかし，その一方で，本シリーズの読者は，機械学習を取り巻く環境がこの数十年間に大きく様変わりしたものの，それとは対照的に，機械学習が取り組んでいる問題の本質はそれほど変わっていないことにも気づいているでしょう．つまり，機械学習としては，これまでと同じ入出力をもった問題の，これまで考えてきたモデルのうえでの発展であり，これまでの延長線上から大きく外れたものではないともいえます．

本書で扱う内容は，機械学習の理論やアルゴリズム・応用を扱う本シリーズの他書とはかなり趣が異なっています．もちろん，本書でも機械学習の技術，特に統計的なモデリングが重要な役割を果たす部分は少なくありませんが，本書は必ずしもその紹介のみを主眼としたものではありません．

本書において筆者は，発展著しい機械学習であるが，少なくとも当面のところは機械の「知能」は人間の知能にはまだ遠いだろうという立場に立っています．本書の 4 章でも触れるように，機械学習をデータの利活用のための技術という観点から見たときに，機械学習が主役となるのはモデリングの一部であり，その他の部分では人間の作業や知識・直感の力に頼る部分が多くを占めます．その「人間」の部分に焦点を当てるのが本書であり，機械学習の外側，すなわち機械学習を補完する二つのキーワード（ヒューマンコンピュテーションとクラウドソーシング）を知っていただくことを狙っています．機械だけでは解決が困難な問題を人間の力を借りて解決するヒューマンコンピュテーション，そして大規模なヒューマンコンピュテーションを実現するプラットフォームとしてのクラウドソーシング，両者によって実現される機械と人間の協調は，どちらか一方だけでは成し得ない困難な課題に立ち向かうためのカギになると筆者は考えています．

最後に，本シリーズ編者の東京大学 杉山 将氏，査読を担当いただいた京都大学 松原 繁夫氏ならびに東京大学 佐藤 一誠氏には，原稿の細部まで目を通していただき，多くのアイディアと本質的なコメントを頂きました．また，講談社サイエンティフィク 横山 真吾氏には，遅々として進まない執筆に辛抱強く付き合っていただきました．本書が無事出版されたのは，ひとえに氏の激励の賜物であることに疑いはありません．

本シリーズで機械学習の神髄を学んだ読者に，本書がそのさらに一歩先を考えるヒントになることを心から願っています．

2016 年 2 月

著者を代表して　鹿島 久嗣

# 目　次

Chapter 1

# ヒューマンコンピュテーションとクラウドソーシング

ヒューマンコンピュテーションとは，コンピュータのみを用いた解決が困難な課題を，人間の能力と組み合わせることで解決を図るという考え方であり，計算機科学の新しいアプローチとして注目されています．一方，クラウドソーシングは，インターネットを通じて不特定多数の人に仕事を依頼すること，もしくはその仕組みを指し，ビジネスや科学などのさまざまな分野で利用が拡大しています．両者はクラウドソーシングがヒューマンコンピュテーションの実現プラットフォームになるという点で密接に関係しており，これらの組み合わせはこれまでにない新しい知的システムの実現可能性を秘めています．本章では，それぞれの典型的事例を通じて，ヒューマンコンピュテーションとクラウドソーシングの基本的な概念を紹介するとともに，その技術的課題について説明します．

## 1.1　ヒューマンコンピュテーション

### 1.1.1　reCAPTCHA：二つの目的をもったシステム

ウェブ上のサービスを利用しようとするとき，時折いびつに捻じ曲がった文字列の画像が現れて，これを正しく読んで入力するように求められたことはないでしょうか（図 **1.1**(a)）．**CAPTCHA** と呼ばれるこの仕組みは，コ

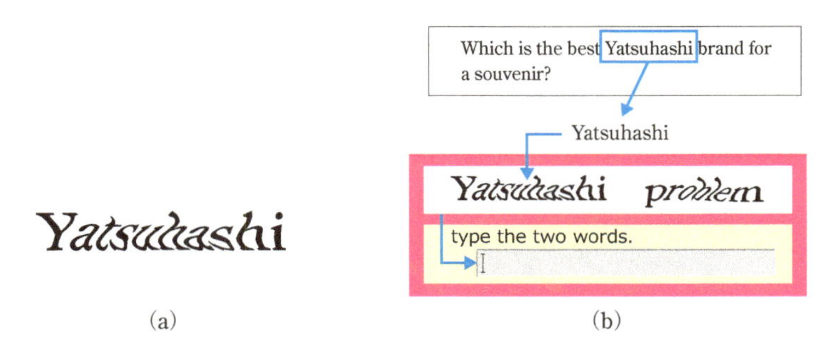


**図 1.1**　(a) CAPTCHA と (b) reCAPTCHA のイメージ図．CAPTCHA は歪んだ文字列を利用して，ユーザが人間であるか確かめます．reCAPTCHA はそれと同時に，コンピュータには認識できない文字の読み取りを人間に依頼しています．

ンピュータプログラムによるサービスの不正な利用，あるいは過剰な利用を防止することを目的として，ウェブサービスの利用者がコンピュータプログラムではなく人間であることを確かめるために，このような質問をします．歪んだ文字列を正しく読むことは，自動文字認識（OCR）プログラムにとっては難しいが，人間にとってはそれほど難しくないということを利用して，アクセスしているのが人間であるかコンピュータであるかを判別しようとする，いわゆる**チューリングテスト**（**Turing test**）の一種ともいえます．

さらに，提示された文字列が二つであったならば，それはおそらく **reCAPTCHA**[101] と呼ばれる認証システムです．reCAPTCHA は本書のテーマの一つ**ヒューマンコンピュテーション**（**human computation**）[56] の典型的な特徴をいくつかもっています．第一の特徴は，ヒューマンコンピュテーションは，コンピュータにとっては自力で遂行することが難しいタスクの実行を，代わりに人間に求めているということです．そして第二の特徴は，システムがそのタスクの実行結果を利用しようという明確な意図があるということです．実をいうと，reCAPTCHA によって提示された二つの文字列のうち，システムが答えを知っているのはどちらか一方の文字列のみであり，もう一方の答えを知りません．システムが答えを知っているほうの文字列は，前述の CAPTCHA と同様，アクセスする者が人間かどうかの判断のために利用されますが，もう一方の文字列については入力されたものが正しいかどうかをシステムは判定することができません．では，これは一体何のために用いられるのでしょうか？　実は，この文字列は過去にOCRプログラムが読むことのできなかったものであり，コンピュータが読めなかった文字を人間が代わりに読んであげることによって，コンピュータの文字認識を助けていることになります．つまり，本来のアクセス制御という目的から離れて，例えば大量の紙媒体の文書の電子化といった作業を手伝っていることになるのです．そして第三の特徴は，システムへの参加の動機付けにあります．このシステムにアクセスするユーザは本来コンピュータのために文字を読んであげる義理もなければ，そのような親切心をもってアクセスしているわけでもありません．ユーザの目的は，あくまでサービスを利用する資格を得ることであり，そのためにテストをクリアするという動機があります．前述のように，システムは二つの文字列のうちどちらか一方のみの正解を知っているので，もう一方についてはどのような文字列が入力されたとしても，システムはその正誤を判断することはできません．しかし，ユーザはどちらが本当に正解しなければならないものなのかは知らないため，たとえこのユーザがreCAPTCHAの仕組みを知っていたとしても，一方の文字列だけを真面目に読んで50%の確率で正解することに賭けるよりも，はじめから両方の文字列とも読んでしまったほうが早いと判断するかもしれません．つまり，このreCAPTCHAというシステムは表向きはアクセス制御のシステムとして働きながら（そして実際にアクセス制御のシステムとして働きながら），その裏では「コンピュータにとって難しいタスクを遂行するために，人間をうまく動機付けして代わりにタスクを実行させている」システムなのです．

### 1.1.2 ヒューマンコンピュテーションとは

ヒューマンコンピュテーションという言葉は2000年代前半に当時カーネギー・メロン大学の博士課程学生であったルイス・フォン・アーン（Luis von Ahn）氏によって提唱されました．ヒューマンコンピュテーションとは「コンピュータにとって解くことが困難な課題を，人間のもつ能力を利用して解決すること」といえます．つまり，コンピュータだけでは解くことのできない課題に直面したとき，コンピュータだけでこれを解決しようとするのではなく，人間の助けを借りればよいのだという発想の転換です．計算機科学の立場からいえば，人間をある種の知的な演算装置として捉え，これを「部品」

あるいは「関数」として利用するプログラムを書こうという考え方であるともいえます．実は，こういった考え方自体はそれほど新しいものではありません．近年のインターネットの普及や，人工知能技術や機械学習技術といった知的情報処理技術が大きく発展したこと，また，後述するクラウドソーシング市場の登場などを背景として，その実現のための敷居がずっと低くなったため，ヒューマンコンピュテーションの考え方は，いま改めて大きな注目を集めているといえます．

ソーシャルコンピューティング（**social computing**）や**集合知**（**collective intelligence**）と呼ばれる分野も，人間の知能を計算の中に位置付けているという点ではヒューマンコンピュテーションに近い考え方といえます．ただし，これらが主に集団としての人間を対象としているのに対して，ヒューマンコンピュテーションの場合は必ずしも集団を想定しないという点で若干異なります．また，扱われる計算の種類もより目的志向であり，明示的なコントロール，すなわちアルゴリズムを強く意識しているといえるでしょう．ソーシャルコンピューティングや集合知がどちらかといえば構成要素たる人間の自主的な協力や競争などによって駆動されるのに対して，ヒューマンコンピュテーションではシステム設計者が直接的に人間をコントロールして目的を達成するという観点がより強調されているといえます．

## 1.2 クラウドソーシング

### 1.2.1 クラウドソーシングとは

ヒューマンコンピュテーションの考え方に基づいて計算機に困難なタスクを実施しようとする際には，多くの場合，比較的大勢の人々の力を調達してくる必要があります．したがって，いかに多数の人々を動機付け，動員するかというシステム設計が重要になってきます．そこでヒューマンコンピュテーションを支えるプラットフォームとして期待されているのが**クラウドソーシング**（**crowdsourcing**）です．

クラウドソーシング[37]とは，ジェフ・ハウ（Jeff Howe）氏によって名付けられた「（インターネットを通じて）不特定多数の人に仕事を依頼すること，もしくはその仕組み」一般を指す比較的新しい言葉です．クラウドソーシングという名前は業務の一部を外部に委託する「アウトソーシング」に由来したもので，アウトソーシングの委託先が素性の知れた特定の相手であるのに対して，クラウドソーシングでは，ときに匿名の不特定多数の相手に仕事を依頼するというのが特徴です．同じ「クラウド」でもクラウドコンピューティングの「クラウド」はcloud（雲）であるのに対し，クラウドソーシングのそれはcrowd（群衆）であることに注意してください．クラウドソーシングには報酬の有無などさまざまな形態があり，その目的もビジネス用途から科学研究，あるいは社会貢献などさまざまなものがあります．その初期の例としては，米P&G社が同社のもつ技術的な課題についての研究開発を広く一般に公開し解決策を募る取り組みを行ったものが知られています．ウェブ上の百科事典であるWikipediaもまた不特定多数の人がその編集にかかわるという意味ではクラウドソーシングの一種として見ることができます．また，近年ではクラウドソーシングをサポートするさまざまなサービスが登場しており，例えば米InnoCentive社は研究開発の委託を仲介するサービスを提供しています．

ヒューマンコンピュテーションの文脈におけるクラウドソーシングサービスの中でも代表的なのは，2005年に米Amazon社によって開始されたクラウドソーシング市場である**Amazon Mechanical Turk**（以降AMT）*1です．ウェブサイトのチェックや画像データへの注釈作業など，数秒から数分で実行できるそれほど高い専門知識や技能を必要としないタイプの**マイクロタスク**（**microtask**）と呼ばれるタスクを中心に取り扱っており，世界中にいるワーカに対して，通常のアウトソーシングよりも安い価格で作業を依頼することができます（図**1.2**）．少し古い調査結果になりますが，AMTの平均的なワーカは週に8時間以内の労働をAMT上で行い10米ドル程度の収入を得ているようです[39]（この調査自身もAMTを使って行われたものです）．現在では，タスク依頼者にとっては労働力を必要に応じて調達できる場として，ワーカにとってはそのような仕事を獲得する場として，まさにウェブ上の労働力市場としてクラウドソーシング市場は機能しています．AMTで仕事を発注できるのは米国在住者のみに限定されていますが，世界の各地域でも同様のサービスが登場し徐々に浸透しつつあり，日本国内にお

---

*1　https://www.mturk.com

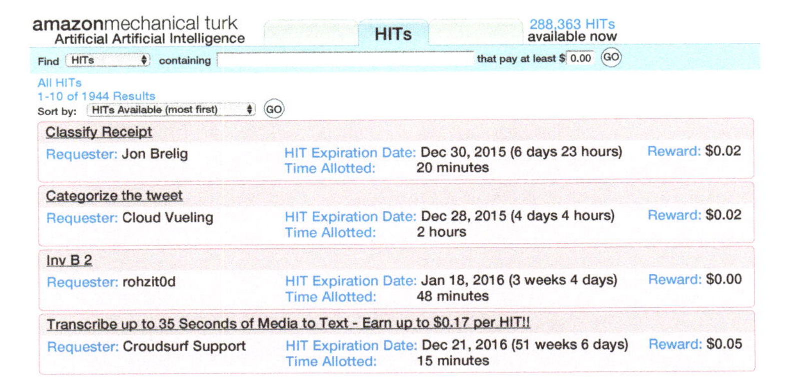


**図 1.2** Amazon Mechanical Turk のタスク一覧画面のイメージ図．この例では，「レシートの分類」「文字起こし」などのマイクロタスクが依頼されています．
[https://www.mturk.com/mturk/findhits?match=false を参考に作成]

いてもランサーズ [*2] やクラウドワークス [*3] をはじめとするいくつかのクラウドソーシング市場が稼働しています．

### 1.2.2 クラウドソーシングの実施形態

クラウドソーシングでは，仕事の種類に応じてさまざまなタスク受発注の仕組みや報酬支払いの方式が用いられています（**表 1.1**）．マイクロタスクを主な対象とする AMT では，タスク受発注の仕組みは非常に単純です．依頼者がタスクを発行するとタスク一覧に掲載され，一方でワーカは現在公開中のタスク一覧の中から自分に適したタスクを選択し，作業を開始します．作業後に依頼者による検品が行われ，承認されればワーカに報酬が支払われます．この間，依頼者とワーカはほとんどコミュニーケーションをとることなくタスクが完了します．

クラウドソーシング市場で取引される仕事には，AMT で扱われているマイクロタスクに限らず，より複雑で専門的な能力を要求するタスク，例えば翻訳作業やデザイン，プログラミング，システム開発なども含まれます．後

*2 https://lancers.jp/
*3 https://crowdworks.jp/

**表 1.1** クラウドソーシングの主な実施形態．仕事の種類に応じて，さまざまな発注方法・報酬支払い方式が用いられます．

| 実施形態 | 概要 |
|---|---|
| マイクロタスク型 | 数秒から数分で実行できる単純な仕事で用いられます．ワーカはすぐに作業を開始することができ，作業量に応じて対価が支払われます． |
| プロジェクト型 | 複雑で専門的な能力を要求する仕事で用いられます．ワーカは作業前に自己アピールを提出する必要があります．目的の水準を達成すると報酬が支払われます． |
| コンペティション型 | デザインなどの創造的な仕事で主に用いられます．複数のワーカが成果物を提出します．優れた成果物を作成したワーカだけが報酬を獲得できます． |
| ボランティア型 | シチズンサイエンスなどで用いられます．報酬は支払われず，ワーカはボランティアとして作業に参加します． |

者のタスクを対象にした市場の代表例が **Upwork** です [*4]．Upwork では，発注手続きは段階的に行われます．タスクが一覧に掲載された後にワーカがタスクを選択するまでは AMT の場合と同様ですが，Upwork の場合には，ワーカはすぐに作業には取り掛かれません．ワーカはまず自己アピールを提出する必要があり，依頼者は提出された自己アピールを確認し，気に入ったワーカが見つかればそのワーカに連絡をとります．比較的簡単な仕事の場合にはメールやチャットだけでやり取りすることも可能ですが，より大きい規模の仕事の場合にはビデオチャットなどで面接を行うこともあります．このような慎重なプロセスを経て適切なワーカを見つけた後に，ようやく作業開始を依頼することになります．作業の間にも依頼者とワーカはコミュニケーションを取り合い，目標の水準を満たす成果物の完成を目指します．すべてが終了したのち，ワーカに対して報酬が支払われますが，当然のことながらマイクロタスクと比較して報酬は高額になります．このような発注手続きは**プロジェクト型**と呼ばれます．

クラウドソーシングの報酬支払い方式にはさまざまな形態があり，代表的なものとしては，作業量に応じて対価を払う固定報酬型のもの（マイクロタスクのように比較的単純な作業を対象としたものが多い）と，一部の優れた

---

*4 https://www.upwork.com 2014 年に oDesk と Elance という二つのクラウドソーシング市場が統合され Upwork となりました．

作業結果のみに対して報酬が支払われる**コンペティション型**のもの（デザインなどの創造的なタスクを対象としたものが多い）などがあります．前者の例としてはAMTとUpworkがあり，後者の例として99designs[*5]があります．99designsはグラフィックデザインを対象にしたクラウドソーシング市場で，まず依頼者がタスクを投稿すると，複数のデザイナーがデザインを作成し投稿します．依頼者は適宜フィードバックを提供し，デザイナーはそれを受けてデザインを改善します．最終的に，依頼者は気に入ったデザインを選択して，選ばれたデザイナーだけが報酬を獲得します．同様のコンペティション型のクラウドソーシング市場としては，ソフトウェア開発を対象にしたTopCoder[*6]や，予測モデリングを対象にしたKaggle[*7]などもあります．

ワーカが報酬獲得を目的とせずに参加するボランティア型のクラウドソーシングもあります．後述する**シチズンサイエンス**（**citizen science**）がその代表例です．シチズンサイエンスは科学の非専門家に科学研究に参加してもらうという取り組みであり，主にデータ収集やアノテーションといった人手を要する作業を行うために非専門家の貢献を募ります．シチズンサイエンスでは，ワーカは科学研究への貢献や自身の好奇心の充足を目的として作業に参加します．災害などの非常事態時に，ボランティア型のクラウドソーシングプロジェクトが利用された例もあります．例えば，2014年にマレーシア航空307便が上空で消息を絶った際には，米DigitalGlobe社が衛星画像から機体発見の手がかりを見つけ出すクラウドソーシングプロジェクトを立ち上げ，多くの人がその取り組みに無償で参加しました．

以上で取り上げた例は，ワーカに明示的に作業の実施を依頼するものですが，表向きは異なる目的をもった手続きの中に作業を「埋め込む」種類のクラウドソーシングもあります．前述のreCAPTCHAはまさにこのタイプのクラウドソーシングであり，アクセス制御の手続きの中に，文字認識の作業が暗に埋め込まれていました．2章で取り上げるゲーム化は，ワーカはゲームを楽しみながらも，実際には別の作業に従事しているという巧妙な仕組みになっています．

---

*5 https://99designs.jp
*6 https://www.topcoder.com
*7 https://www.kaggle.com

### 1.2.3 さまざまなクラウドソーシングプロジェクト

これまでに挙げた例の他にも，さまざまな問題の解決にクラウドソーシングが利用されています．2007 年に海上で消息を絶った著名な計算機科学研究者ジム・グレイ（Jim Gray）氏の捜索にクラウドソーシングを活用する大規模プロジェクトが実施されました．大量の衛星画像の中から氏の乗っていたヨット発見の手がかりとなる画像を見つけ出すという作業が，AMT を用いて行われました．数千人のワーカにより手がかりとなりそうな画像が約 20 枚見つけられたものの，残念ながらヨットの発見には至りませんでした．

米国国防高等研究計画局 (DARPA) は，クラウドソーシングの実用性を検討するため二つの挑戦的なプロジェクトを実施しています．一つ目のプロジェクトは，インターネットを通じた人々の協力行動を調査する目的で実施された **Network Challenge** です [96]．このプロジェクトでは，全米 10 箇所に設置された赤い風船を最も早く見つけ出したチームに賞金が支払われるというルールの下で参加者が競い合いました．風船は地理的に離れた場所に設置されているため，一人の力ですべてを見つけ出すことはきわめて困難であり，インターネットを通じた共同作業が求められます．優勝した MIT チームは，赤い風船の場所の報告者ならびに，その報告者と MIT チーム間をつないだ仲介者に報酬を支払うという戦略をとりました．例えば，MIT チームに対して A さんが B さんを紹介し，A さんに対して B さんが C さんを紹介したとします．このとき，MIT チームが用いた報酬ルールでは，C さんが赤い風船を見つけた場合には，C さんに 2,000 米ドル，B さんに 1,000 米ドル，A さんに 500 米ドルが支払われます．彼らはこのようにして，風船の場所を見つけてくれそうな人の紹介に対しても報酬を与えることによって，誰よりも早く風船の場所を発見することに成功したのです．

二つ目はクラウドソーシングによる軍用車のデザインです *8．2012 年に開催された FANG Challenge では「高速で（Fast），適応性のある（Adaptable），次世代の（Next-Generation）軍用地上車両（Ground Vehicle）」を群衆の創造力を結集してデザインするために，デザインに用いるウェブツールを公開し，一般から広くデザインを公募しました．参加者はウェブツールを用いてパーツごとにデザインを行い，それを他の参加者と共有してデザイ

*8 http://www.darpa.mil/news-events/2013-04-22

ンを洗練させていき，最終的には，オハイオ，テキサス，カリフォルニアという離れた場所に住む3名からなるチームが優勝し賞金の100万米ドルを手にしました．

1.2.2項で紹介した公共的な目的をもつボランティア型のクラウドソーシングもまた盛んに行われています．いわゆるシチズンサイエンスと呼ばれる非専門家の力を借りた科学研究とクラウドソーシングの相性はよく，科学の発展への寄与をモチベーションとしたクラウドソーシングの試みは数多くあります．

2007年に始まった**Galaxy Zoo**[*9]は，ハッブル宇宙望遠鏡で撮影された大量の銀河の画像を，その形状で分類するというプロジェクトです[62]．Galaxy Zooのウェブサイトにアクセスすると，誰もが簡単に分類作業に参加することができます（図**1.3**）．まず，参加者には銀河の画像が提示され，その銀河が楕円形か星形か渦巻形かを分類するよう依頼されます．次に，選んだ形状に従って，さらに詳細な分類を行うよう依頼されます．例えば渦巻形の場合は，「エッジがくっきりしているか」などの設問が提示されます．専門知識がなくても分類が行えるように，設問ごとに例が示されます．また，参加者間で互いに助け合うためのフォーラムも用意されています．分類結果は一般に公開され，科学者が自由に利用することができます．2010年に公開されたGalaxy Zoo 2データセットには，約8万人のボランティアの手による約1,600万件の分類結果が収められています[109]．Galaxy Zooで得られたデータを用いて執筆し学術誌に掲載された論文の数は，2014年までに約40本にも上り，これはクラウドソーシングによるシチズンサイエンスの科学的貢献を裏付けるものといえます．

Galaxy Zooの成功を受けて，運営チームはシチズンサイエンスのポータルサイト**Zooniverse**[*10]を立ち上げました．Zooniverseが対象とする分野は天文学に限らず，「ペンギンの生態観察」などの動物学，「海中の藻場の発見」などの植物学から，「第一次世界大戦中のイギリス陸軍の日記の分析」などの歴史学にかかわるものまで多岐に渡ります．2015年時点で，約30のシチズンサイエンスプロジェクトが立ち上がり，プロジェクトによって得られた科学的発見は，2014年までにGalaxy Zooの成果を含め，約60本の学術

*9　http://www.galaxyzoo.org/
*10　https://www.zooniverse.org/

**図 1.3** Galaxy Zoo のタスク画面．銀河の画像が提示され，そのタイプを分類します．

論文としてまとめられています．

コーネル大学の鳥類学研究所が 2002 年に立ち上げた **eBird**[*11] は，野鳥の観察記録を収集するシチズンサイエンスプロジェクトです [94]．ここまでに取り上げたシチズンサイエンスプロジェクトは，いずれも参加者がオンラインで作業が可能なのものでしたが，eBird の場合は，実世界での行動結果を参加者から収集します．野鳥観察を行った eBird の参加者は，観察日時と場所，観測した野鳥の種類とその数，観測しなかった野鳥の種類を eBird 上で入力します．その際，鳥の雌雄と年齢，繁殖状況，油汚染状況も可能な限り記述するよう求められ，もしあれば，写真・音声・動画などもアップロードするように指示されます．2015 年時点では，約 26 万人の参加者によって，約 1 万種類の野鳥に対する約 2 億 6 千万件の観察記録が収集されています．個人の観察記録を参加者間で共有できるようにすることで，eBird は多くの野鳥愛好家の貢献を集めました．また，地域ごとに専門家を認定し，彼らに観察記録のレビューを依頼することで，明らかにおかしい報告の排除を行っています [112]．2015 年時点では，約 1,000 人が専門家としてレビューを行っています．さらに，eBird での報告回数増加と観察範囲拡大を目的とした支援ツールも開発されています [113]．このツールは，気象情報や過去の報告から，ある時間・場所における野鳥の出現頻度を種類別に予測します．その上

*11 http://ebird.org/content/ebird/

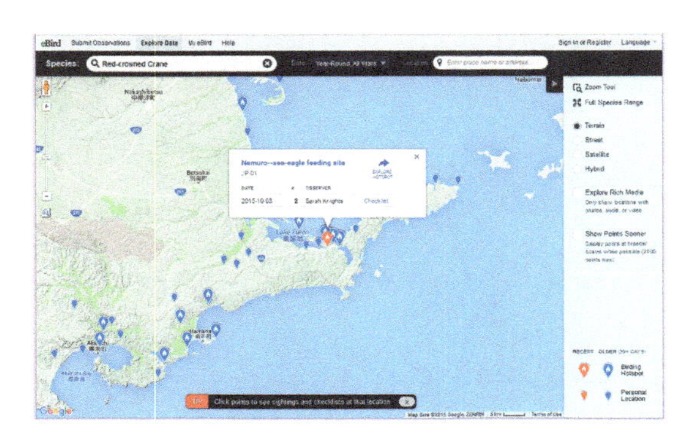


**図 1.4** eBird のデータ表示画面．これまでに報告された野鳥の観察記録を閲覧できます．

で，できるだけ多様な野鳥を観察することができるように，参加者に観察場所を推薦します．他のシチズンサイエンスプロジェクトと同様に，eBird のデータも公開されており（**図 1.4**），これまでに 100 本以上の学術論文で利用されています．

非専門家による科学研究支援を目的としたシチズンサイエンスですが，近年では研究者と一般市民がより密に協力して，地域社会の問題解決に挑むプロジェクトも始まっています [14]．例えば，ユニヴァーシティ・カレッジ・ロンドンの研究チームは，コンゴの狩猟採集民に対して，文字をもたない人々でも利用可能なモバイルアプリケーションを提供しています [29]．このツールは，密猟や違法伐採などの発生場所を記録し，ユーザ間で共有する機能をもっています．ツールの利用により地域住民は，違法行為の監視を効率的に行うことができ，研究者は，発生地点のデータを収集することができるようになります．地域環境に大きな影響を与える問題について，市民と研究者が一丸となって取り組んだ例といえるでしょう．

## 1.3 ヒューマンコンピュテーションとクラウドソーシング

クラウドソーシングの登場により大勢のワーカの調達が容易になったことで，ヒューマンコンピュテーションの駆動力としてクラウドソーシングを利用するという考え方に至るのはきわめて自然なことであるといえます．このような考え方に基づき，多数の人間の処理能力をコンピュータアプリケーションの中に組み込む例が登場しています．

クラウドソーシングを活用したコンピュータアプリケーションの代表例に，視覚障がい者支援のためのアプリケーション **VizWiz**[13] があります．例えば「戸棚の缶詰の中からコーンが入った缶詰を見つけたい」という状況において，戸棚の中を写した写真と音声による質問文を VizWiz に送信すると，数十秒ほどで回答が返ってきます（**図 1.5**）．写真と質問文に従い回答を作成するのは，クラウドソーシングで働くワーカです．質問が送信されると，自動的にワーカへのタスク依頼が生成されます．クラウドソーシングを通じた大量の人間へのアクセスと自動タスク生成技術を用いることで，VizWiz は物体認識をほぼリアルタイムで実現しています．リアルタイム性を担保するためには，ワーカが作業に取り掛かるまでの時間の短縮が求められます．VizWiz はワーカが迅速にタスク処理を開始できるように，常時 10 人程度のワーカに報酬を支払い待機させています．また，利用者が写真の撮影を開始した時点で，写真と質問文の送信を待たずにワーカの手配を開始します．利用者からの依頼の送信を待つ間は，ワーカにダミー問題に取り組ませ待機させることで，迅速に作業開始できるワーカを用意し，タスク完了に要する時間の短縮を実現しています．

同じくクラウドソーシングのリアルタイム性を利用したアプリケーションに，写真撮影支援アプリケーション **Adrenaline**[9] があります．Adrenaline はベストショットの撮影を支援するアプリケーションです．利用者はまず，被写体にカメラを向けて 10 秒程度の動画を撮影します．するとアプリケーションがクラウドソーシングタスクを自動発行し，ワーカに「動画中の最もよい瞬間」を選択するよう依頼します．Adrenaline は，ワーカがタスクを終えるまでの時間を短くするために，同じタスクを複数人に依頼し，全員の作業状況を利用してタスクを簡単にするという工夫をしています．例えば，多くのワーカが動画中のある区間を見ているのであればベストショットはその区間に存在するものとして，全ワーカに当該区間だけを見せる，つまり，ワーカが見なければならない動画の範囲を絞り込み小さくすることで，各自の処理時間の短縮を図っています．

文章作成支援システム **Soylent**[12] も，クラウドソーシングのリアルタイ

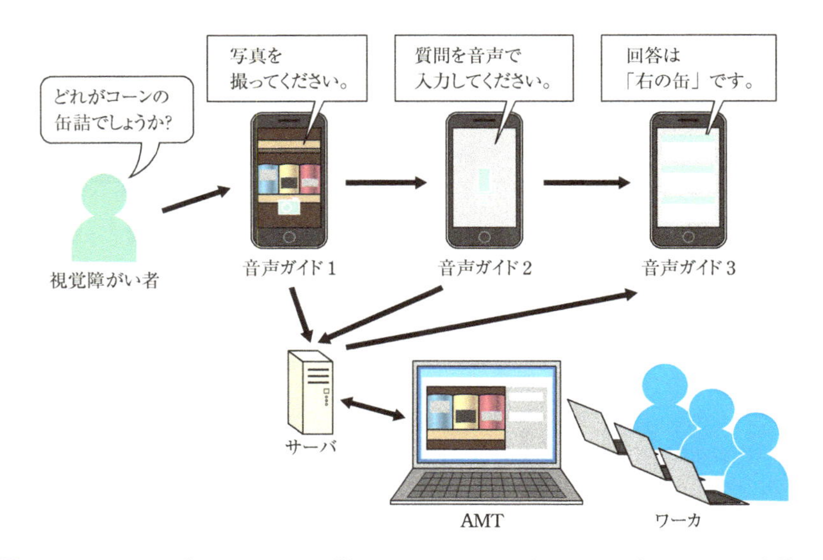


**図 1.5**　VizWiz のプロセス図．ユーザが VizWiz のスマートフォンアプリケーションを使って質問を送信すると，システムが AMT タスクを発行します．
[J. P. Bigham, *et al.*. Vizwiz: nearly real-time answers to visual questions. In *Proceedings of the 23nd annual ACM symposium on User interface software and technology (UIST)*, 2010, Figure 1 を参考に作成]

ム性を利用したアプリケーションです．Soylent は文章縮約と校正の機能を有したエディタで，それぞれの作業がクラウドソーシングによって実行されます．ユーザが縮約あるいは校正したい箇所を選択して実行ボタンをクリックすると，クラウドソーシングにタスクが自動的に発行されます．結果の品質を保証するために，Soylent では「発見，校正，確認（Find-Fix-Verify）」の 3 段階からなる依頼方法を用いています．例えば校正の場合には，まずは校正が必要な箇所を発見する作業をクラウドソーシングで依頼します．発見作業を複数のワーカに依頼し，多くのワーカが選んだ箇所を校正が必要な箇所だと判断します．次に，選ばれた箇所のそれぞれについて校正作業を依頼します．このとき，一つの箇所を複数のワーカが校正します．最後に，校正された箇所について，校正結果の確認タスクを依頼します．複数のワーカが校正結果に投票し，最終的に多くの投票を集めた校正結果が採用されます．このように3段階の依頼方法とワーカの並列作業を組み合わせることで，Soylentは高品質の文書縮約と校正を実現しています．

## 1.4　本書の構成

本書では，ヒューマンコンピュテーションとクラウドソーシングにおける技術的側面に焦点を当て，技術的課題とその解決方法の解説，さまざまな応用事例や研究動向について紹介していきます．2章では，ヒューマンコンピュテーションの考え方を用いたシステムを設計するための種々の方法論について説明します．ゲーム化やメカニズムデザインなどの，数多くの人々に誠実にタスクに参加してもらうためのさまざまな技術について述べるとともに，ヒューマンコンピュテーションのプログラムを効率的に実行するためのワークフロー設計についても紹介します．3章では，クラウドソーシングを利用する際に大きな問題となってくる成果物の品質のばらつきに対処するための技術を紹介します．同一のタスクを複数のワーカに依頼する冗長化と，統計的なモデル化および推定の技術によって，ワーカの能力推定や成果物の品質向上が可能となります．4章では，クラウドソーシングの力を利用してデータ解析を行うためのアプローチについて紹介します．近年のデータ解析需要の高まりとは対照的に，しばしば指摘されるデータサイエンティストの人材不足の問題を解決するための糸口として，クラウドソーシングはきわめて有望な選択肢となります．本書を締めくくる5章では，より困難で専門的な問題の解決やセキュリティとプライバシなど，今後取り組み，解決していくべき課題について説明します．また，技術的な課題にとどまらず，ヒューマンコンピュテーションとクラウドソーシングを取り巻く社会的，制度的な課題も併せて検討していくことの必要性についても考えます．

## 1.5　ヒューマンコンピュテーションとクラウドソーシングに関する情報源

ヒューマンコンピュテーションとクラウドソーシングに関する話題は多岐に渡ります．本章を締めくくるにあたり，ヒューマンコンピュテーションとクラウドソーシングについてより深く広く知るための情報源を紹介しておきます．本書で扱う範囲を超えてさらに詳しく知りたい読者のためには下記の書籍が参考になるでしょう．

- Edith Law and Luis von Ahn. Human Computation. Morgan & Claypool Publishers, 2011.
  ヒューマンコンピュテーションの生みの親であるルイス・フォン・アーン自らが執筆にかかわった入門書です．ヒューマンコンピュテーションの定義から，ヒューマンコンピュテーションで使われるアルゴリズム，人を組み込むためのシステムデザインなど，幅広い話題がわかりやすく紹介されています．文献も豊富で，出版当時までの研究成果が網羅されています．

- Pietro Michelucci ed.. Handbook of Human Computation. Springer, 2013.
  ヒューマンコンピュテーションの第一線の研究者達によって執筆された専門書です．ヒューマンコンピュテーションの概念，アプリケーション，アルゴリズム，基盤設計などの観点で研究成果が整理されています．

- ジェームズ・スロウィッキー(著), 小高尚子(訳).「みんなの意見」は案外正しい. 角川書店, 2006.
  群衆の叡智に関する一般向けの書籍です．多くの人々の意見を統合することで，個々の人間よりも賢い決断を導くための条件が，多数のケーススタディとともに解説されています．

- ジェフ・ハウ(著), 中島由華(訳). クラウドソーシング—みんなのパワーが世界を動かす. 早川書房, 2009.
  クラウドソーシングという言葉を作り出したジェフ・ハウによる一般向けの書籍です．クラウドソーシングの台頭の経緯や，アイディアの創出や集団での創作，群衆による情報のフィルタリングなどのクラウドソーシングの多様な活用事例が紹介されています．

- 比嘉邦彦, 井川甲作. クラウドソーシングの衝撃. インプレスR&D, 2013.
  ビジネス上の視点から，国内外でのクラウドソーシングの動向を解説するビジネス書籍です．クラウドソーシングがもたらした労働形態の変化，企業でのクラウドソーシングの活用戦略などの調査結果を紹介するとともに，現状のクラウドソーシングが抱える問題点が議論されています．

ヒューマンコンピュテーションとクラウドソーシングの分野は現在も精力的に研究が進められており，日々新しい知見や技術が生み出されています．本書の内容もすぐに古いものになってしまうかもしれません．これらに関する最新の研究を知るための場としては，2013年より人工知能分野の国際学会Association for the Advancement of Artificial Intelligence（AAAI）が開催している国際会議Conference on Human Computation and Crowdsourcing（HCOMP）があります．その他，AAAI，IJCAI，AAMASなどの人工知能に関する国際会議，CHI, CSCW, UISTなどのヒューマンコンピュータ・インタラクションに関する国際会議，ICML, NIPSなどの機械学習に関する国際会議，KDDなどのデータマイニングに関する国際会議，SIGMOD, VLDBなどのデータベースに関する国際会議，WWWなどのウェブに関する国際会議など，幅広い分野の学会でヒューマンコンピュテーションとクラウドソーシングに関する最新の研究成果が報告されています．

国内では，複数の研究者が発起人となり，「クラウドソーシング研究会*[12]」が運営されています．研究会のメンバーを中心として，情報処理学会や人工知能学会主催の各種イベントにてヒューマンコンピュテーションとクラウドソーシングに関する特別セッションが開催され，国内における最新研究動向を知る貴重な機会となっています．また，情報処理学会誌，人工知能学会誌などにも解説記事が複数掲載されています．

*12 https://sites.google.com/site/crowdsourcingresearch/

Chapter 2

# ヒューマンコンピュテーションシステムの設計論

ヒューマンコンピュテーションの考え方に基づくシステムが通常の IT システムと大きく異なるところは，これがシステムの主要な駆動力として人間を含んでいる点です．したがって，システムの設計にあたっては，いかに彼らの参加を動機付けるかが重要になってきます．クラウドソーシング市場のように直接的な金銭報酬による動機付けも一つの方法ですが，金銭報酬を伴わずとも，1 章の冒頭で紹介した reCAPTCHA のように巧妙な設計を行うことで人間にタスク実行を（reCAPTCHA の場合は暗黙的に）動機付けることができます．本章では，まず直接的な報酬を伴わないタイプのアプローチとして人間によるタスクの実行部分をゲームとして実現する方法について紹介します．また，メカニズムデザインや予測市場など，多くのワーカに誠実に参加してもらうための動機付け，すなわちインセンティブ設計のためのさまざまな考え方について紹介します．また，ヒューマンコンピュテーションに基づくシステムを効果的かつ効率的に設計し稼働させるための，ワークフローの設計法ならびに制御と最適化の方法についても紹介します．

## 2.1 ゲーム化によるヒューマンコンピュテーションの実現

### 2.1.1 ゲーム化

タスクのゲーム化（**gamification**）は，プレイヤがゲームを楽しむその行為自体が何か別の作業を実行することになっている仕組みであり，ヒューマンコンピュテーションシステムの設計における有力なデザインパターンの一つです．**ゲーミフィケーション**，あるいは，ゲームそのものとは別にシステム設計者の目的があることから「**目的をもったゲーム**（**Game With A Purpose; GWAP**）」[100] とも呼ばれます．ゲーム化の最も知られた成功例の一つが，タンパク質の立体構造予測をゲーム化した**Foldit**[22] です（図**2.1**）．アミノ酸の1次元配列であるタンパク質は，3次元中で特定の形をとることによって独自の機能をもちます．したがって，アミノ酸配列が与えられたときに，その3次元立体構造を知ることはタンパク質の機能を知るうえで重要な情報となります．タンパク質の立体構造予測には，物理的原則に従ったコンピュータシミュレーションに基づく方法などのアプローチがありますが，いずれも超高性能のコンピュータをもってしても途方もない時間を要する非常に難しい問題であることが知られています．この計算をある種のパズルゲームとしてゲーム化したのがFolditです．Folditが一般公開されて以降，数十万人のプレイヤがこのゲームに参加した結果，その予測精度が最高性能の自動予測アルゴリズムを上回るだけでなく，実際に重要なタンパク質の構造を決定するなど，ゲーム化によるヒューマンコンピュテーション実現の有望性が示されています．

さて，ゲーム化はプレイヤの楽しみを駆動力とするため，うまくいけば作業あたりの金銭的コストをきわめて低く抑えることができる魅力的なアプローチですが，その肝はタスクをいかに巧妙にゲームの中に埋め込むかという点に尽きるといえます．しかし世の中の多くのゲーム開発者が苦労しているように，「面白い」ゲームを作ることはそれほど容易なことではなく，面白いゲームを作るための体系的な方法論というのはあまりないというのが実際のところでしょう．ただし，面白さは別にしても，タスクをゲームの形に翻訳するための常套手段のようなものは考えられそうです．以下ではゲーム化

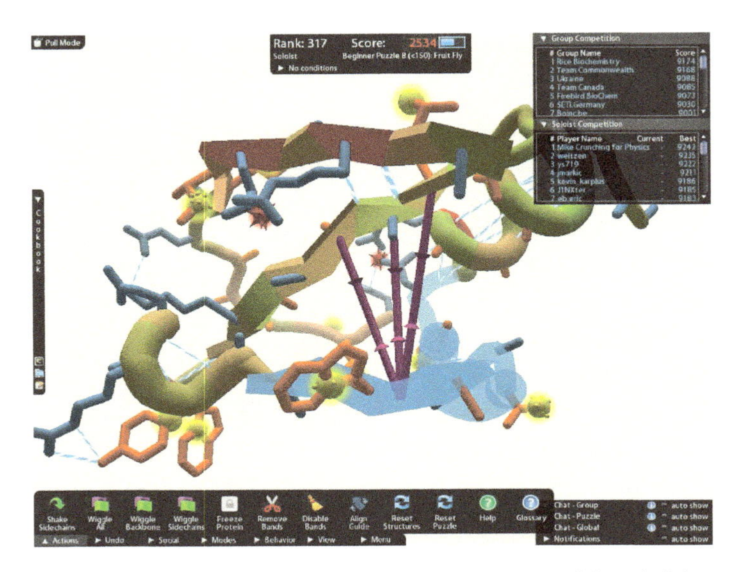


**図 2.1** タンパク質の立体構造予測をゲーム化した Foldit．プレイヤは手動での操作とコンピュータによる最適化アルゴリズムの両者を用いながら試行錯誤を繰り返します．
[Adapted by permission from Macmillan Publishers Ltd: *Nature*, copyright (2010)]

の際によく用いられるパターンとして，出力一致方式と入力一致方式を紹介します．

### 2.1.2 出力一致方式

**ESP ゲーム**[102] はゲーム化に基づくヒューマンコンピュテーションの草分けであり，reCAPTCHA の生みの親ルイス・フォン・アーンによって開発されました．ESP ゲームは，ネット上のたくさんのプレイヤの中からランダムに選ばれた二人が協力して行うゲームです．二人は別々の場所に居て互いの素性を知らず，また通信の手段も与えられません．この二人のプレイヤに対して，同一の画像が提示され，二人は画像を見て，これを表すのに適切と思う単語を答えます（**図 2.2**）．そして，二人の答えた単語が一致すると双方に点数が与えられるというルールになっています．プレイヤ同志は互いに通信できないため，各プレイヤは他のプレイヤが思い浮かべるであろう単語

**図 2.2** 出力一致方式を採用した ESP ゲーム．プレイヤは画像を表す単語を入力します．協力相手のプレイヤと同じ単語を入力すると，双方に点数が与えられます．
[Luis von Ahn and Laura Dabbis. Labeling Images with a Computer Game. In *Proceedings of the SIGCHI Conference on Human Factors in Computing Systems (CHI)*, 2004, Figure 2 を参考に作成]

を想像して答えることになり，そこにゲームとしての面白さが生まれます．

ESP ゲームには，画像検索や画像認識のシステムを構築する際に重要となる，画像へのキーワード付与というタスクが埋め込まれており，プレイヤはゲームを遊んでいるだけでこの作業に貢献するという仕組みになっています．先に述べたように，基本的にプレイヤは赤の他人同士であるため，それぞれのプレイヤは他のプレイヤがおそらく平均的な人間であるものと想定して，その人が回答する単語を予想して入力すると期待できます．そして，平均的な人間が思いつくであろう単語として両者が挙げた単語が一致するということは，おそらくその単語は画像を表すのに適切であろうと考えることができます．この方式は，複数のプレイヤの「出力」が「一致」することを目的とするため，**出力一致方式**（**output agreement**）と呼ばれます．出力一致方式は画像だけでなく，音楽のタグ付け [97] や，検索結果のランキング [8]，語義の曖昧性解消 [89] などにも用いられています．

### 2.1.3 入力一致方式

出力一致方式に基づくゲーム化では，複数のプレイヤの回答（出力）が一定以上の割合で一致することを暗黙のうちに期待しています．なぜならば，一致しない場合にはその回答はタスクの結果として用いることができないため，タスク処理の効率が落ちてしまうからです．しかし，当然のことながら対象によっては必ずしも回答の一致が期待できない場合もあります．例えば，画像に写っている物体の名前を答える場合に比べて，楽曲に対してこれを表すキーワードを答える場合のほうがキーワードの曖昧性が高いため，一致する確率が低いことが想像できます．このように，可能な回答の空間が大きいときに有効なのが，以下で紹介する**入力一致方式**（**input agreement**）です．

**Tag-A-Tune**[57] は楽曲のタグ付け作業をゲーム化したものであり，ESP ゲームと同様に面識のない二人のプレイヤで同時に行うゲームです．まず，二人のプレイヤはそれぞれ楽曲の一部を切り出したものを与えられます．ただし，二人のプレイヤが受け取る楽曲の一部は必ずしも同一の曲から取り出されたものとは限らないところが，ESP ゲームとは異なる点です．プレイヤの目的は，彼らが受け取った楽曲が同一か否かを当てることになります．プレイヤは最終的な回答に先立ち，互いのもっている楽曲を表現する単語（例えば「激しい」など）を互いにやり取りすることで楽曲のイメージを伝え合い，これをもとに楽曲が同一かどうかの最終的な判断を行います．これが正解した場合には両者にポイントが与えられるという仕組みです．なお，システムは問題の答えを知っている点でも，出力一致方式の場合とは異なります．

これまでの例と同様に，このゲームにも楽曲へのキーワード付与という目的をもったタスクが埋め込まれています．ただし，ESP ゲームのようにタグ（出力）の一致をもってタグの信頼度を測るのではなく，最終的にプレイヤが楽曲（入力）が同一かどうかを正しく当てたときには，途中のやり取りでプレイヤが使用したタグがその楽曲をよく表しているのだろうと考えます．

さて，Tag-A-Tune の仕組みを一般化してみると，楽曲を入力として，それらが一致するかどうかを出力とする関数をプレイヤに計算させているとも見ることができます．プレイヤが関数を正しく計算できたときに，その計算過程で行ったコミュニケーションから目的の情報を引き出すような方式は**関数評価方式**（**function evaluation**）と呼ばれ，この方式は一般常識の収集（Verbosity[103]）や画像中のオブジェクト位置の抽出（Peekaboom[104]）などにも用いられています．

### 2.1.4　その他のゲーム化

これまでに紹介した枠組みには当てはまりませんが，科学的な発見や医療などさまざまな目的をもったタスクをゲームに置き換えることで，多数の人間の力による問題解決を試みるというアプローチが取り組まれています．例えば，前述した Foldit[22] もそのような試みの一つです．タンパク質の立体構造予測はエネルギーが最も小さくなるような 3 次元立体構造を探索する最適化問題として定式化されますが，ゲームのプレイヤは手動での操作とコンピュータによる最適化アルゴリズムの両者を適宜用いながら試行錯誤によってこの問題に取り組みます．また，生物学では複数の DNA 配列が与えられたときに，それらの間で共通して現れる箇所を見つける配列アラインメントと呼ばれる解析が行われます．この問題はしばしば膨大な計算量を要する難しい問題として知られていますが，この問題をパズルゲームの形で人間に行ってもらうという試みもあります [47]．他にも，マラリアに感染した白血球を画像から識別するタスクを，やはりゲームとして実現する試みも行われています [70]．

これまでに述べてきたように，ゲーム化はプレイヤの楽しみを駆動力とするため，一作業あたりの金銭的コストを非常に低く抑えることができるという，うまくいけばきわめて有効なアプローチといえます．しかし，ゲーム化のパターンはいくつかあるとはいえど，あらゆるタイプのタスクがゲームとして実現できるというわけではなく，汎用性という点では金銭報酬を駆動力とするクラウドソーシング市場には及びません．そして何よりも「面白い」ゲームを設計するのは容易ではないため，ゲーム化のアプローチはそのシステム稼働時と比べて，タスク準備のコストが非常に高いものといえるでしょう．

## 2.2 ヒューマンコンピュテーションのインセンティブ設計

### 2.2.1 クラウドソーシング市場におけるインセンティブ設計

ヒューマンコンピュテーションシステムが安定して信頼のできる結果をもたらすためには，タスクを実行できる能力とやる気をもった人間にシステムに参加してもらうことが不可欠になります．2.1 節で紹介したゲーム化はそのためのアプローチの一つですが，この他にもタスクの設計や報酬の設定などのワーカの動機付け，すなわち**インセンティブ**を考えることができます．

実際のマイクロタスク型クラウドソーシング市場のいくつかにおいて，報酬やタスクの設計がワーカの振る舞いに及ぼす影響が調べられています．例えば，クラウドソーシング市場を利用する立場からは，報酬額を高くすることによってワーカの挙動がどのように変化するかは興味のあるところですが，報酬額とタスクの実行速度・品質との関係を調査した研究では，報酬額を上げることによってタスクの実行速度は上がるものの，その一方で作業品質にはあまり影響を与えないということが観察されています [67]．報酬額の高いタスクはより多くのワーカの目に留まりやすいため，それだけ多くのワーカがそのタスクに参加する可能性が高くなり，その結果としてタスクの処理速度が上がることにつながります．しかしその一方で，報酬の増額による惹きつけの効果の大小は対象のワーカの能力には依存しないため，結果の品質には影響を与えないというように考えることができます．

ワーカに依頼するタスクがどのような文脈にあるのかということも，タスクへの取り組みに影響する要素の一つとして挙げられます．例えば，ワーカに対して，依頼するタスクが営利目的のものであるという情報を与える場合と，これを行うことが社会的・人道的にも有益であるという情報を与える場合を比較した調査では，後者のほうがより正確な作業結果が得られるということが確認されています [85]．

ワーカが「見られている」と意識することも真面目に働くインセンティブとなりえます．ある程度の作業量や作業時間が必要となる，プロジェクト型のクラウドソーシング市場の一つ Upwork では，ワーカの作業画面が定期的にキャプチャされて依頼者に送信されます．他にも，マウス操作や画面スクロールの回数などの統計情報をワーカの画面操作ログから抽出し，これらをもとに機械学習で作業品質を予測するモデルを作成するという研究も行われています [86]．

### 2.2.2 メカニズムデザイン

ワーカのインセンティブ設計のためのもう一つの考え方は，潜在的なワーカが，システムに参加しないよりも参加したほうが得であると判断する，また，真面目に取り組んだほうが得であると思う「仕組み」を作ることです．そのためのヒントとなるのが，経済学やゲーム理論の分野で盛んに研究されている**メカニズムデザイン**（**mechanism design**）の理論です [72]．メカニズムデザインでは，多数の参加者（エージェント）が各々の利益を最大化するように振る舞う（そしてそのためには，ときに嘘をつくこともある）ときに，システム設計者にとって望ましい結果をもたらすように彼らを導くことを目的としています．1 章で紹介した DARPA Network Challenge の優勝チームのアプローチはまさにメカニズムデザインの具体例といえます．彼らは，風船が見つかった場合に，そこにたどり着くまでの経路上の参加者で報酬を分配するという方式をとることで，より風船にたどり着く可能性の高い人に探索に参加してもらうような動機付けを行っていました *1．このように，メカニズムデザインでは参加者を直接的に制御するのではなく，彼らが自然と望ましい方向に向かうよう間接的に制御するようなルールや報酬などを定めることで，これを実現しようとします．

クラウドソーシング市場で金銭報酬によりワーカを雇用しようとする際に，ワーカは獲得する報酬を最大化するために，できるだけ労力をかけずにタスクを実行しようとしたり，あるいはタスクを実行するだけの能力がない場合にも無理やりこれを行おうとするかもしれません．メカニズムデザインの考え方を用い，タスクや報酬をうまく設計することによってこの問題を回避することができるかもしれません．例えば，多くのマイクロタスク型のクラウドソーシングではタスクの実行に対して固定額で報酬が支払われますが，これを**成果報酬**とすることによる成果物の品質向上の効果が調べられて

*1 実はこの方法では，不当に高い報酬分配を得ようという者が仮想的な参加者を設定して自らがこれに対して依頼を行うことで，多くの報酬分配を得るという不正を行うことができるという問題がありますが，これに対する対処法も提案されています [18]．

います．3 章で説明するように，統計的な処理によって不誠実なワーカの成果物を事後的に排除するということも可能ですが，報酬を参加報酬と成果報酬の 2 種類に分けることによって，そもそも不誠実なワーカがタスクに参加しようとしないようにするという方法が提案されています [68]．実験では，タスクに参加するだけで得られる参加報酬を 0 にするのではなく，小額の参加報酬を与えるほうが不誠実ワーカの参加を防ぐ効果があるという興味深い観察結果が得られています．ただし，成果物の品質が十分であったときのみ支払われる成果報酬の効果については，まだ十分な合意は得られていないというのが現状です．例えば，成果報酬は成果物の品質やワーカの努力にはそれほど影響を与えないが，同じようなタスクを二つ連続して行うような場合には後者を成果報酬にすることによってワーカに参加インセンティブを与えることがあるという実験結果も示されています [115]．また，成果報酬が有効であるのは，時間をかけることでそれだけ品質が向上するタイプのタスクにおいてのみであるという指摘もあります [36]．また，多くのマイクロタスク型のクラウドソーシング市場で採用されている固定報酬型でも，成果物の品質がある水準以上でないと受理されないというようにワーカが勝手に考えることによって，これが暗黙的な成果報酬となっているという解釈もあります．

コンペティション型のクラウドソーシングでは，主催者側は提出された結果のうち上位いくつかを選び，これに対して対価を支払うことでその成果物を得ますが，限られた予算でできるだけよい品質の成果物を得るための方法も検討されています．例えば，主催者側の目標が入賞した結果の品質の総計を最大化することである場合には，限られた予算をどのように配分すれば，これが達成できるかが課題となります．理論的な解析によれば，得られる報酬の期待値だけに参加者が興味をもっている場合には，最も優れた成果物に対してすべての予算を報酬として割り当てることが最良となりますが，一方で，参加者が期待値だけではなくある程度の確実性も望んでいる場合には，主催者が最終的に獲得したい成果物の数よりも多くの提出物に対して報酬を与えるのがよいという，直観的にも妥当な結果が得られています [4]．

別の方式として，コンペティションを 2 段階の勝ち抜き方式にすることによって，ワーカの努力を一層引き出すという方法も提案されています [71]．この方式ではまずワーカ全体を二分割して，それぞれのグループにおいて 1 段階目の勝者を選びます．そして，次に選ばれた二人によって決勝戦を行い，その勝者にすべての賞金が支払われます．1 段階目で得られた成果物のうち最良のものがさらに改善されるため，結果としてより高い品質が期待できます．

### 2.2.3 予測市場

多くの人の考えや知識を集めることのできるクラウドソーシングをうまく使えば，未来に起こる事柄の予測ができるかもしれないと期待するのはきわめて自然なことでしょう．このときに課題となるのが，正しい予測ができそうな（と自分で思っている）人に，いかにしてクラウドソーシングに参加してもらうかというある種のメカニズムデザインの問題です．専門知識やインサイダー情報などをもった人間が，参加することで得をすると思うような仕組みを作ることが重要です．そのための仕組みの一つが**予測市場**（**prediction market**）[129] と呼ばれるものです．

予測市場は，答えを知りたい事柄に対して可能性のある答えのそれぞれに対して仮想的な証券を発行し，これを株式市場のように互いに売り買いするというシステムです．例えば明日の天気を知りたいとすると，まず，可能性のある結果「晴れ」「曇り」「雨」のそれぞれに対して予測証券を発行します．そして，結果が（実際に明日になって，天気が晴れであったことが）観測されたとき，その（晴れという）結果に対応する予測証券をもっている参加者は 1 枚あたり 100 円の払い戻しを受けます．なお，この 100 円という額は説明のための便宜的なものであり本質的ではありません．また，実際の予測市場においては本物の金銭ではなく，仮想的な通貨を用いることがほとんどです．

予測市場は以下のようなメカニズムによって，結果に対する複数の参加者の信念を集約します．例えばある瞬間において，「晴れ」証券の価格が 50 円であったとしましょう．ある参加者が 60%の確率で晴れになると信じているとすると，この参加者にとってのこの証券の価値は 100 円 $\times 0.60 = 60$ 円ということになります．なぜならば，この証券を実際に明日の天気がわかるまでもっていることによって，（主観的な）期待値として 60 円が得られることになるからです．そうすると，現在の 50 円という価格はこの参加者の評価額である 60 円よりも安いため，これを買うことで 10 円の儲けが期待できます．つまり，この参加者はこの証券を買うという判断をするのが合理的であると考えることができます．それぞれの参加者が自分の評価よりも高いと思えば売り，低いと思えば買うという形で互いに証券を売り買いした結果，価格が安定したとすると，その価格は参加者全員の信念を集約したものとなっているはずです．つまり，最終価格が 55 円であれば，全参加者が思っている「晴れ」の確率を集約したものが 55%ということになります．自分の見積もりに対して自信がある，あるいは答えを知っている人はより多くの証券を売り買いするでしょうから，価格（すなわち予測）にはこのような参加者の意見が相対的に大きく影響してきます．このような形で，正解に関係するさまざまな情報をもっている人に参加してもらい，また（証券の売買という形で）自身の予測に正直な申告をしてもらうというインセンティブを与えるのが予測市場という仕組みです．

実際の予測市場の例としては，アイオワ電子市場（IEM）と呼ばれる選挙結果の予測を行うものや，ハリウッド証券取引所（HSX）と呼ばれる映画の興行成績の予測を行う予測市場がよく知られており，他にもさまざまな予測対象に対して予測市場の有効性が示されています．

実際に予測市場を実現する方法としては，売り手にとってはできるだけ高く買い取ってくれる人と，買い手にとってはできるだけ安く売ってくれる人と取引ができるように両者を仲介する仕組みが必要になります．**連続ダブルオークション方式**（**continuous double auction**）と呼ばれる，任意の時点での売り手と買い手が注文を行い，実行可能な取引が見つかりしだい取引を成立させる方式がしばしば用いられます．しかし，予測市場が通常の株式市場とは異なる点として，予測市場への参加者は相対的に少ないということが挙げられます．したがって，予測結果として起こりうる選択肢が多いときには，結果のそれぞれに対して証券が発行されるため，売買がなかなか成立しないということが起こりえます．このような問題に対して，参加者間での売り買いを仲介するのではなく，予測市場システムが参加者と取引をする**自動マーケットメーカ**（**automated market maker**）という方式が用いられることがあります [35,77]．以下ではその一つである**対数マーケットスコアリングルール**（**logarithmic market scoring rule**）[35] の概要を説明します．

予測の対象に $N$ 通りの可能性があり，それぞれに対して証券が発行されているとします．$i$ 番目の証券が現在 $q_i$ 枚出回っているとし，これらをまと

めてベクトル $\boldsymbol{q} = (q_1, q_2, \ldots, q_N)$ と書くことにします．ある時点において，参加者がマーケットメーカとの間で取引（証券を買うか売るか）を行うとしたとき，その購入・売却枚数を $\Delta\boldsymbol{q} = (\Delta q_1, \Delta q_2, \ldots, \Delta q_N)$ と書くことにします．$i$ 番目の証券を購入するのならば $\Delta q_i$ は正の値をとり，売却するのであれば負の値をとります．これだけの枚数を購入（売却）することで参加者が支払う（受け取る）額は，コスト関数 $C(\boldsymbol{q})$ を用いて

$$C(\boldsymbol{q} + \Delta\boldsymbol{q}) - C(\boldsymbol{q})$$

と定まります．ここで，コスト関数は以下の式で与えられるものとします．

$$C(\boldsymbol{q}) = \log\left[\sum_{i=1}^{N} \exp(q_i)\right]$$

参加者は任意の時点においてマーケットメーカと取引を行うことができますが，しばらく取引を行った後に，予測対象の結果がわかった時点でこの市場は終了します．その結果，$i^*$ 番目の証券に対応する結果が正しかったとわかった場合，この証券 1 枚ごとに 1 円の報酬を受け取ることができます．

さて，マーケットメーカ方式ではこのような仕組みで売り買いがされるとして，参加者はどのように売り買いを判断すればよいでしょうか．マーケットメーカが参加者の予測を集計した結果の予測分布は，コスト関数の微分として

$$p_i = \frac{\partial C(\boldsymbol{q})}{\partial q_i} = \frac{\exp(q_i)}{\sum_{i=1}^{N} \exp(q_i)}$$

のように定義されるとします．$p_i$ は $i$ 番目の証券に対応する結果が正しい確率（とマーケットメーカが思っている）を表します．証券が微小の枚数購入・売却できるとすると，$i$ 番目の証券を微小枚数購入する価格も同じくコスト関数の微分 $\frac{\partial C(\boldsymbol{q})}{\partial q_i}(= p_i)$ となることに注意すれば，参加者は自分の予測値が $p_i$ よりも高ければ，微小枚数購入したほうが期待値として得をし，逆に自分の予測値よりも低ければ売ったほうが得をするということになるわけです．

このような仕組みによって参加者は自分の予測に従って売買を進めますが，胴元であるマーケットメーカが大きく損をしてしまうことはないのでしょうか．詳細は省略しますが，対数マーケットスコアリングルールでは，マーケットメーカが最終的に支払う額（当選の報酬から，証券の売り上げを

引いたもの）は高々 $\log N$ となることが示されています[35]．これが多くの人からその予測を集約するためのコストといえます．

## 2.3 ヒューマンコンピュテーションの設計

### 2.3.1 ワークフロー制御

すべてのヒューマンコンピュテーションにおいて，その目標は，独立したクラウドソーシングタスクによって達成されるわけではありません．目標を達成するための手続きが複雑になってくると，あるクラウドソーシングタスクの結果が別のクラウドソーシングタスクの入力となるような形で，複数のクラウドソーシングタスクを組み合わせて実現する必要がでてきます．この一連のタスク系列，すなわち**ワークフロー**は，ヒューマンコンピュテーションにおけるプログラムのようなものとも考えられ，これを事前に設計し，記述する枠組みが提供されつつあります[51]．

複数のタスクから構成されるヒューマンコンピュテーションのワークフローを効率的なものにするためには，タスクの分解や実行順序の管理といったフロー制御が重要となります．ヒューマンコンピュテーションのワークフローの構成要素としては，例えば並列式，直列式，条件分岐などが考えられます．並列式の代表例は，多くのクラウドソーシング市場で採用されているコンペティション型，すなわち複数の参加者によって提出された成果物の中から優れたものを一つないし複数を採用し，報酬を支払うというものです．3章で述べるように，品質管理のための冗長化を目的とした並列化もしばしば行われます．一方，直列式とは，あるワーカの成果物が別のワーカに対する入力となるようなワークフローです．1章で紹介した文章校正アプリケーション Soylent は直列式を採用しており，校正が必要な箇所の発見・校正の実施・校正結果の確認の三つのタスクがそれぞれ別のワーカによって実施されるようになっています．あるワーカが作成した成果物を別のワーカが改善するというようなワークフローを考えることもできます．

直列的に改善を繰り返すという方法と，並列に依頼しよいものを選ぶという方法は，タスクの性質によって向き不向きがあることが知られています．例えば，「画像の説明文作成」「ノイズを加えた文章画像の読み取り」「企業のネーミング」の3種類のタスクを対象にして，直列式と並列式のそれぞれを用いた場合に得られる成果物の品質が調査されています [63]．説明文作成においては，直列式の場合にはワーカが文章を付け足していく傾向が見られ，その結果，並列式よりも高品質の説明文を獲得することに成功したと報告されています．直列式を用いることで，例えば雷の写真に対して「この写真には，青空に走る大きな白い稲妻が写っている．写真の下側には，木々と屋根のシルエットが写り込んでいる．空は暗い青色で，稲妻ははっきりとした白色である」というような，より詳細な説明文が得られます．同様に，文章画像の読み取りでも直列式のほうが精度が高くなる傾向が見られたものの，時折，前のワーカによる誤った作業結果に引きずられてしまい精度が向上しない場合があることが報告されています．一方，企業のネーミングでは他二つのタスクと異なり，並列式のほうが優れた成果物が得られています．例えばヘッドホンを販売する企業のネーミングでは，並列式では「music brain」というユニークな名前が提案されました．並列式のほうが直列式よりも優れていたのは，直列式では前のワーカが付けた名前に影響を受け，新しい発想が生まれづらいからだろうと分析されています．つまり，自由な発想や創造性が必要な場合には並列式が適しており，着実な作業の積み重ねが必要な場合には直列式が適しているということができます．

不確実性や複雑度の高い問題に際しては，あらかじめ定まった静的なワークフローではなく，状況に応じてフローを臨機応変に修正する必要が生じることもあるでしょう．いくつかの限定的な種類のワークフローに対しては，これを自動制御するという試みがあります．例えば，あるワーカの作業結果を他のワーカが改善する直列式ワークフローの自動制御手法として **TurKontrol** が提案されています [23, 24]．TurKontrol ではワーカから改善結果が提出された後に，改善前と改善後のどちらの成果物の品質が高いのかを他のワーカによる投票で決定します．この投票で選ばれたほうは，改善が十分になされたと判断されれば最終的な作業結果となり，一方まだ品質が十分でないと見なされればさらなる改善のためのタスクの入力となります．TurKontrol では，投票を依頼するワーカの人数の決定や，品質が十分収束したかどうかの判断のために，改善前後の二つの成果物の品質を状態とする部分観測マルコフ決定過程を用いてワークフローのモデル化を行っています．これにより，「品質を評価するためにワーカからの投票を追加する」「質の高いほうをさらに改善する」「質の高いほうを最終成果物とする」の三つの行動から，品質と費用などからなる効用関数に従って最適な行動を選ぶことによるワークフロー制御を行っています．さらに，TurKontrol を拡張して，同種の出力が得られる複数の部分ワークフロー（例えば「投票」と「採点」）から最適なものを選択することを可能にした手法も提案されています [60]．

フロー制御自体もヒューマンコンピュテーションによって行ってしまおうという考え方もあります．その一例として提案された **Turkomatic**[52] では，「AMT に関するブログを作成して少なくとも二つの記事を書いてほしい」といった，単一のマイクロタスクとしては比較的規模の大きい依頼に対して，ワーカがこれをサブタスクに分割するということを行います．この分割は十分に単純なタスクになるまで再帰的に繰り返され，分割された各タスクが別のワーカによって実行されたのち，さらに別のワーカによって作業結果の検証や他のタスクの結果との統合が行われます．依頼者は作成された一連のワークフローとその進捗状況を可視化ツールを通じて確認でき，依頼者がフローを修正することもできるようになっています．

創造的なアイディアを生み出すためのワークフローの設計はより困難な問題となります．アイディアの独自性を高めることと，その有効性や実現性といった質を高めることのバランスをとることが必要となるからです．これを実現するための方法として，類推に基づくアイディア生成プロセスが提案されています [116]．「創造は既存のアイディアの新しい組み合わせである」といわれることがしばしばありますが，このプロセスでは，アイディアの生成過程を次の四つのステップに分けて考えます．

1. 過去の事例を見つける
2. 事例を一般化して，アイディアの「型」を抽出する
3. 型の新しい適用領域を見つける
4. 新しいアイディアを生み出す

例えば，「ベルトを付加することで飛行機などの座席の背もたれに頭を固定し安眠しやすくするアイマスク」や，「食器洗浄機の中でワイングラスを固定して割れにくくするための器具」といった既存の商品例を，「不安定な物に付加することで安定化させる道具」というアイディアの型に抽象化し，これを新しい適用領域に当てはめることで「飼っている動物が裏返して中身をこぼ

さないように吸盤をつけて床に固定できるエサ入れ」という新しいアイディアが生まれます．実際にクラウドソーシングを使って行われた実験では，上記のように事例から一般化するというステップを入れることによって，生成されるアイディアの質が向上することが示されています．

その他のアプローチとしては，遺伝的アルゴリズムの考え方を用いた創造ワークフローが提案されています[117]．例えば，子供向けの椅子をデザインしたいとします．まず，複数のワーカにデザインを依頼して第1世代のデザインを作成します．次に，別のクラウドソーシングワーカに各デザインの評価を依頼し，その評価結果を用いて第1世代のデザインの中から優秀なデザインを選抜し，これらを第2世代の親とします．この選抜には，第1世代のデザインの中からランダムに選び出された二つのデザインのうち評価の高いほうが親として採用されます．同様にもう一度選抜を行うことで二つの親が得られ，これら二つのデザインを組み合わせることで次の世代のデザインを作成します．この組み合わせもクラウドソーシングを用いて行われ，ワーカは二つのデザインを組み合わせて新しい椅子のデザインを作成するよう依頼されます．また，第1世代のデザインのうち評価結果上位の数件はエリートとして，そのまま次世代のデザインとして採用されます．以上のプロセスを繰り返すことで，世代が進むごとにデザインの質が向上することが示されています．

### 2.3.2 資源の最適な割り当て

クラウドソーシングタスクの実行には人的･金銭的なコストが掛かるため，なるべく少ないコストで高い品質の成果物を得たいと考えるのは自然なことでしょう．例えば，多数の画像データなどに対して（車が写っているかどうかといった）ラベル付けをクラウドソーシングを用いて実施する場合を考えてみます．画像によっては簡単に判断できるようなものもあれば，そうでないものもあるでしょう．簡単なものであれば，どのワーカがラベルを付けてもおそらく正しいことが期待できますが，判断が微妙なケースでは，複数のワーカに同じ画像についてのラベル付けを依頼し，その結果の多数決をとったほうがより信頼のできるラベルを得られそうです（多数決よりも高度な方法については3章で扱います）．同じ品質が保証されるならば，なるべく冗長度は少なくできたほうが望ましいといえます．

タスク依頼の冗長度を上げると，それだけコストはかさむため，ワーカの回答から正解がほぼ明らかなタスクに対してはそれ以上ワーカに依頼を行わず，正解が不確かなタスクに対しては，正解に確信がもてるまでは引き続きワーカの回答を収集し続けるといった判断が必要になってきます．そのために，多数決で決定した回答が間違っている確率をベイズ推定し，これを用いて回答の不確実性を計算する方法が提案されています[91]．簡単のため，回答は「0」か「1」かの2通りであるとし，あるタスクをワーカに依頼したときに確率 $q$ で回答1を答え，確率 $1-q$ で回答0を答えるとします．もしも（実際には未知である）$q$ の値がわかっていたとすると，$q > 0.5$ であれば回答1として，$q < 0.5$ であれば回答0とするのが妥当と考えられます．いま，$n_1$ 人が回答1を，$n_0$ 人が回答0と答えたとしたとき，回答を生成するベルヌーイ分布のパラメータ $q$ の事前分布として区間 $[0,1]$ の一様分布を考えると，$q$ の事後分布はベータ分布 $B(n_1+1, n_0+1)$ に従うことがわかります．上で述べたように，$q > 0.5$ のときには回答を1とすることとすれば，この決定が誤りである確率は，事後分布を0.5以下の区間で積分した値となります．ベータ分布の累積分布関数は正則ベータ関数として以下の式で与えられます．

$$I_{0.5}(n_1+1, n_0+1) = (0.5)^{n_1+n_0+1} \sum_{m=n_1}^{n_1+n_0+1} {}_{n_1+n_0+1}C_m$$

ここで，${}_{n_1+n_0+1}C_m$ は $n_1+n_0+1$ 個から $m$ 個を選ぶ組合せの数です．ここでは二値分類で考えているため，片方の回答（例えば1）が正解でないことが確実であれば，もう片方の回答（0）が正解であることが確実になるので，結局

$$\min\{I_{0.5}(n_1+1, n_0+1), 1 - I_{0.5}(n_1+1, n_0+1)\}$$

が回答の不確実性の指標となります．これを用いて，現在までの回答では不確実性が高いと判断されるときには，不確実性が十分に小さくなるまで新たなワーカに回答を依頼するという判断ができます．

これとは別の方法として，データとワーカの特徴量をもとに，ラベル付けを続けると仮定した場合に次のステップで得られるラベルを予測し，ラベル付けを続けるか否かの決定を行うという方法も提案されています[46]．同様

の考え方でタスクの繰り返し回数を決定する方法は，列挙型のタスク *2 や整序型のタスク [119] に対しても提案されています．

さて，ここまではなるべく不確実性の高いタスクに対して優先的にワーカを割り当てることによって，信頼度を高める方法について述べてきましたが，一方で，ワーカの能力ややる気のばらつきがある場合には，どのタスクを次に実行するかだけでなく，どのタスクをどのワーカに依頼するかといったことも考える必要があります．例えば，確実に能力が高いことがわかっているワーカがいるならば，そのワーカにタスクを優先的に割り当てることでより信頼のおける回答が期待できます．一方で，そのワーカばかりにタスクを割り当てると，タスク処理の効率が下がるだけでなく，実は能力の高い他のワーカを見逃してしまう可能性もあります．ワーカの能力は，タスクを繰り返し割り当てることでしだいに明らかになっていくため，まだ能力がよくわかっていないワーカに対してもある程度はタスクを割り当てていくことでその能力を推し測る必要があります *3．能力の高いワーカの活用と，能力未知のワーカの登用は互いにトレードオフの関係にあり，両者のバランスを適切にとることが重要です．このような問題は，いわゆる**活用**（**exploitation**）と**探索**（**exploration**）のトレードオフと呼ばれる問題であり，不確実性の中で意思決定を行うさまざまな問題に表れます．

上記のような問題を扱うために，**区間推定**（**interval estimation**）[42] を用いたアプローチ [26] を紹介します．あるワーカ $j$ に $n$ 回タスクを割り当て，そのうち $x$ 回正解したとします．そこから推定したワーカの正解率の信頼区間の上限を $u_j(x,n)$ とすると，この値が高いワーカはまだあまりタスクを割り当てられていないため信頼区間の幅が広い（能力の不確実性が大きい）か，あるいは信頼区間が高い位置に集中している（能力が高いことが確実な）ワーカであることがわかります（**図 2.3**）．

ワーカの正解率の信頼区間を求める問題は，製品の不良率や成功率を求める一般の品質管理問題でも現れる二項分布の信頼区間を求める問題と同じです．サンプル数が多い場合には，二項分布を正規分布で近似して信頼区間を求めるということがしばしば行われますが，サンプル数が小さい場合にはこ

---

*2 例えば「サンフランシスコでホタテ貝を食べられる飲食店をできるだけ多く挙げる」など [32]．

*3 逆にいえば，能力が低いことが確実にわかっているワーカには，よほど人手が足りないのでなければタスクを割り当てる必要はありません．

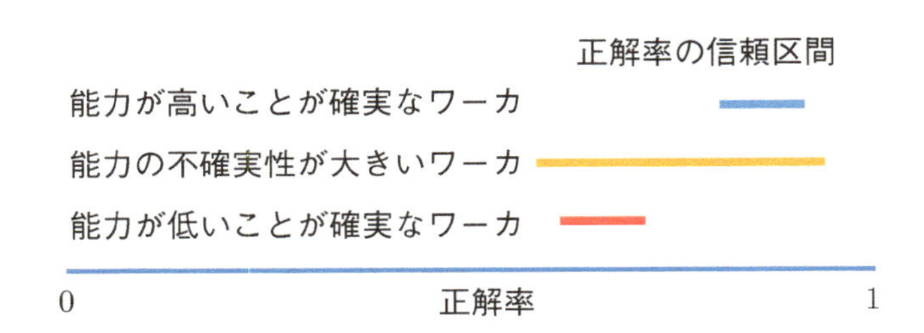


**図 2.3** 正解率の信頼区間とワーカの能力の関係．信頼区間の上限が高いワーカには，能力の不確実性が大きいワーカと能力が高いことが確実なワーカの 2 通りの場合があります．

れはあまりよい方法ではありません．特にクラウドソーシングでは，ワーカ一人あたりのタスク数が少ない場合が多いため，上述の区間推定法 [42] でも用いられているウィルソンの信頼区間 [111] を適用するほうがより適切です．

さて，正解率の信頼区間を求める際には正しい回答がわかっている必要があります．前述の方法では，多数決の結果を正解だと考えて，正解率を計算していますが，当然のことながら，多数決が必ず正解と一致するとは限らないため，能力の低いワーカが含まれる場合には正解率の計算にも悪影響を与える可能性があります．そのため，正解率の信頼区間の上限がある閾値以上のワーカだけにタスクを依頼し，多数決をとることで，正解率の推定精度が悪化することを防いでいます．

また，これまでは各ワーカのコストは一定で，能力も変化しないものと仮定していましたが，ワーカごとに雇用コストが異なる場合 [120] や，ワーカの正答率が時間変化する場合 [27] への一般化が行われています．さらに，ワーカの正答率がタスクに依存する場合に，ワーカだけでなくタスクも同時に選択する方法 [114] や，ワーカの現在位置や移動速度などに応じてタスクを割り当てる方法 [95] なども提案されています．タスク割り当ての実用例としては，ヒューマンコンピュテーションを用いたリアルタイムの映像認識システム [54] などがあります．

### 2.3.3 タスク推薦

**タスク推薦**（**task recommendation**）は，ワーカとタスク間の割り当てをアルゴリズムが完全にコントロールするのではなく，ワーカが自分で適切な仕事を選べるように支援する仕組みです．ワーカに取り組むタスクの決定権を与えることで，各自が自分の専門性や興味などに応じて仕事を選ぶという報告もあります [55]．

ヒューマンコンピュテーションにおけるタスク推薦手法はいくつか提案されており，ワーカの属性情報やタスクの説明文，報酬金額などの情報，さらに仕事結果に対する依頼者からの評価をもとに，ワーカがあるタスクを好むか否かを予測するモデルを構築しタスク推薦に利用した事例があります [2]．モデル構築はワーカがすでに作業を完了したタスクを正例，それ以外のタスクを負例とした教師あり学習の枠組みを利用しています．その他にも，クラウドソーシング市場におけるワーカのタスク情報閲覧履歴や作業状況に基づくワーカのタスクに対する好みの度合いを予測するモデルを構築し，これをタスク推薦に用いた例もあります [118]．

タスクの推薦自体を人間の判断に委ね，どのワーカにどのタスクを推薦するのかを別のワーカに決めさせるというアプローチもあります．クラウドソーシング市場の一つ MobileWorks[53] では，あるタスクを作業するのに適切なワーカを他のワーカに推薦させる仕組みを導入しています．さらには経験を積んだワーカに管理権限を与え，候補者の中から作業を行うワーカを選べるようにもしています．

### 2.3.4 リアルタイム・ヒューマンコンピュテーション

ここまでは主にワーカの能力とタスクの適性に注目したアプローチについて紹介しましたが，その一方で，1 章で紹介した VizWiz のようなリアルタイム性を要求するタスクでは「誰でもいいからとにかく早く作業してほしい」という要求もあります．この要求に応えるために，待ち時間にも報酬を支払うことでワーカに待機してもらうという方法も考えられますが，何人のワーカを待機させれば十分であるかという判断は難しい問題です．そこで，タスク完了に要する時間を制約としたうえで待機ワーカ人数を最適化する待ち行列理論に基づく手法が提案されています [11]．

VizWiz などのアプリケーションは，タスクの自動発行技術により，人間の処理能力を組み込んだアプリケーションを実現しています．AMT では，ヒューマンコンピュテーションプログラムから直接ワーカへのタスク発行ができるように API を提供しており，その利用はリアルタイム性を要するシステムの実現には不可欠といえます．さらに，クラウドソーシング API の呼び出しを既存のプログラミング言語で開発されたシステムに組み込むためのライブラリとして，**TurKit**[64] が知られています．TurKit で用意されたテンプレートを使うことでタスクのインターフェースを自動生成でき，またシステムが途中停止した場合には，コストの掛かる人手の作業を再度実行しなくても済むように状態を保存する仕組みが組み込まれています．

# Chapter 3

# クラウドソーシングの品質管理

本章では，クラウドソーシングの作業結果の品質を確保するために必要な，品質評価の方法と，冗長化による誤り訂正の方法について説明します．この際，ワーカの能力や問題の難易度といった要素を考慮することが必要になりますが，学力テスト問題の作成や成績評価に用いられる項目反応理論に基づく統計的モデリングの考え方が有効です．ただし，テスト問題とは異なり，クラウドソーシングでは正解がわからない場合が多いため，ワーカの能力と正解を同時に推定する統計的な推論の技法が必要になります．本章の後半では，二値分類以外のさまざまな出力をもつタスクに品質管理を適用するための拡張についても紹介します．

## 3.1 品質管理とは

ヒューマンコンピュテーションは，クラウドソーシングなどを通して得た不特定多数の人々の作業結果を利用します．依頼者とワーカが互いに継続的な信頼関係を構築できる従来の作業形態とは異なり，特にタスクごと一回限りでワーカを募集するマイクロタスク型のクラウドソーシングでは，依頼者がワーカの能力や信頼性を把握することは困難です．ここで，ワーカの作業結果の精度には，主に以下の二つの要素が影響を与えていると考えられます．

- ワーカに作業を実行するのに十分な能力があるか
- ワーカが依頼に忠実に作業を実行しようとするか

前者でいう能力とは，例えば英語に関するタスクであれば，十分な英語能力があるか，鳥の画像を種類ごとに分類するタスクであれば，鳥に関する十分な知識があるかなどになります．したがって，能力とはタスクの種類との関係性において定まるものです．また，人によっては，注意力が不足していて，タスクの説明をきちんと読まずに作業したり，ケアレスミスを起こしたりします．これもワーカの能力の一部と考えられます．

後者は，人間としての「信頼性」に対応し，機械システムの信頼性には含まれない，クラウドソーシングに特徴的な要素です．例えば，ワーカが十分に作業を行う能力をもっていたとしても，作業にあまり時間を掛けずに，てっとり早く報酬を得たいなどの理由で，いわゆる「手抜き」を行う可能性があります．特に，ワーカの顔が見えず，一回限りの作業が多いマイクロタスクの場合，その危険性が大きくなります．また，極端な場合にはまったくランダムに作業結果を与える**スパムワーカ**の存在も報告されています．

このようなワーカの能力やモラルは，ワーカの集団に大きく依存します．例えば，米国のクラウドソーシング市場に比べると，日本のクラウドソーシング市場ではスパムワーカの割合は比較的少ないといわれています．しかしもちろん，今後クラウドソーシングのすそ野が広がれば，日本でもスパムワーカが増えるかもしれません．また，ワーカの能力やモラルは，タスクとの相対的な関係で決まるため，タスクが難しかったり，報酬に比べて作業負荷が大きかったりすると，ワーカの能力やモラルが相対的に低下し，作業結果に誤りが多く発生する可能性は高くなります．クラウドソーシングでは，このように能力や動機付けの不十分なワーカによる作業結果の誤りを考慮する必要があります．

そのために，クラウドソーシングの**品質管理**（**quality control**）に関する研究が行われてきています．品質管理とは，工業製品やソフトウェアの製造プロセス全体におけるさまざまな品質向上の取り組みを含む幅広い意味をもつ言葉ですが，その中で特に，不良品やバクの数を管理する統計的手法が，ヒューマンコンピュテーションやクラウドソーシングとは関連が深くなります．従来の品質管理においては，製品の全数検査やソフトウェアの完全なテストはコストの面で現実的でないとして，限られたサンプルや過去のデータから，不良品やバグの数を予測することが行われてきました．クラウドソーシングにおいても，作業結果をすべてチェックすることはコストに見合いません．例えば，画像分類のタスクにおいて，作業結果が正しいかどうかを依頼者がすべてチェックしたのでは，そもそもクラウドソーシングを行った意味がありません．そこで，限られた数のサンプルから品質を推定するために統計的手法の活用が必要となります．

工業製品とのアナロジーで考えると，個々の製品が作業結果に対応し，作業結果（製品）におけるエラー（不良品）の割合を推測する，あるいはその割合を低減することが品質管理の目標となります．一方，ヒューマンコンピュテーションにおいては，もし何人かの作業結果が間違っていたとしても，最終的にシステム全体の計算結果が正しければよいと割り切ることもできます．これは，機械やシステム設計の文脈で考えると，個々の部品が故障したり，動作に不具合があったとしても，全体としての処理に大きな影響を与えないフォールトトレラント設計に対応します．フォールトトレラントは，信頼性設計の分野で扱われてきた概念です．クラウドソーシングの品質管理というとき，個々の部品の品質を高める（狭義の）品質管理と複数の部品を組み合わせてシステムを構築する際の信頼性設計の両方にかかわる概念を含んでいます．以下では，この両者に対応する各種の手法について紹介します．

## 3.2 作業品質とワーカの評価

### 3.2.1 ワーカに着目した品質管理

製造現場で製品の品質を管理する際には，製品をサンプル検査して，その中に不良品が含まれるかをチェックすることが行われます．その結果に基づき，製造現場では不良品の原因を追究します．例えば，特定の製造ラインに不良品が集中して発生すれば，そのラインを停止して原因を追究するでしょう．クラウドソーシングにおいては，作業に誤りが発生する主な原因は人であり，製造現場での作業ラインはクラウドソーシングのワーカに対応すると考えられます*1．そこで，クラウドソーシングの品質管理では，ワーカに着

*1 もちろんワーカ以外に，タスクの説明が不明確であったり，作業インターフェースに不具合があったりといった原因も考えられます．

目した品質のモデル化が広く行われてきました．

ここで，ワーカに着目した品質管理を行う際に必要な定式化を行っておきましょう．具体例として，画像やメールのようなデータを複数のグループ（クラス）に分類する分類問題を扱います．ここでは，説明を簡単にするために，データを二つのクラスに分類する二値分類問題を考えます．画像を人間が映っている画像と映っていない画像に分類する問題や，メールを迷惑メールとそれ以外のメールに分類する問題がその例です．二つのクラスをそれぞれクラス1とクラス0と表します．分類を行いたいデータが $N$ 個あり，それらを $J$ 人のワーカに分類してもらうことを考えます．ここで，複数のワーカに分類を依頼するのは，データ数が多い場合に一人ですべてを分類してもらうことが難しい場合や，後で述べるように同じデータを複数の人に分類してもらう場合があるからです．実際のクラウドソーシングでは一つの画面の中で複数の画像の分類作業を依頼することもありますが，ここでは，一つの画像を分類する作業を一つのタスクとして扱います．一般に一人のワーカはすべてのタスクを実行するとは限らず，また，それぞれのタスクは，異なる組み合わせの異なる人数のワーカによって実行される場合があります．そこで，$\mathcal{I}_j \subseteq \{1,\ldots,N\}$ でワーカ $j$ が実行したタスクの集合，$\mathcal{J}_i \subseteq \{1,\ldots,J\}$ でタスク $i$ を実行したワーカの集合を表すことにします．$t_i \in \{0,1\}(i \in \{1,\ldots,N\})$ は $i$ 番目のタスクの正解，$y_{ij} \in \{0,1\}$ $(j \in \mathcal{J}_i)$ はワーカ $j$ のタスク $i$ への回答です．

### 3.2.2 能力によるワーカの選択

品質のよい作業結果を得るために最も重要なことは，能力の高いワーカに作業を依頼することです [*2]．多くのクラウドソーシング市場では，ワーカの作業結果を依頼者が確認し，承認を行ってからでなければ報酬は支払われません．依頼者が作業結果に満足できない場合，報酬の支払いを拒否することができます．ワーカが過去に他のタスクで提出した作業結果がどれくらいの割合で承認されたかは，そのワーカの能力を測るうえで重要な指標となります．過去の作業での承認率が95%以上のワーカにだけ作業を依頼するといったフィルタリング機能が利用可能なクラウドソーシング市場も多くあり

*2 以降では，「能力」といった場合，ワーカの知識や技能などの狭い意味での能力だけでなく，ワーカのモラルなどの作業結果の精度に影響を与える他の要素を含んだ広い意味を表すことにします．

| ワーカ $j$ の回答 $y_{ij}$ | 正解 $t_i$ | |
|---|---|---|
| | 1 | 0 |
| 1 | $\alpha_1^{(j)}$ | $\alpha_0^{(j)}$ |
| 0 | $1-\alpha_1^{(j)}$ | $1-\alpha_0^{(j)}$ |

**図 3.1** ワーカの混同行列．正解が与えられたときのワーカの回答の確率を表しています．

ます．

ただし，この方法は過去の作業履歴が少ない新規ワーカには適用できません．また，過去に行われたタスクと，今から依頼しようとするタスクに関連性が少ない場合（英語の質問に答えるタスクと中国語の質問に答えるタスクなど），過去の評価が今回のタスクにおける能力の推定にはそのまま適用できない場合があります．

もし，実行しようとしているタスクの一部についてでも正解がわかっていれば，それらを用いて試験的にタスクを実行し，ワーカの回答を評価することで，ワーカのフィルタリングを行うことも可能です．あるいは，抜き打ち検査的に，正解がわかっているタスクを，通常のタスクに紛れ込ませて，ワーカの能力を測ることもよく行われます [48]．ワーカの能力が低いと判定できれば，それ以降そのワーカに依頼しない，そのワーカの作業結果を使わないといった対処ができます．

ワーカの能力を評価するために，**図 3.1** のようなワーカの混同行列（**confusion matrix**）を考えると便利です．これは，正解が与えられたとき，ワーカがどのように間違いを起こすかを表したものです．列が正解，行がワーカの回答を表し，例えば 1 行 1 列目の要素は，正解が 1 のときにワーカ $j$ が 1 と回答する確率

$$\alpha_1^{(j)} = p(y_{ij} = 1 | t_i = 1)$$

を表し，1 行 2 列目は正解が 0 のときにワーカ $j$ が 1 と回答する確率

$$\alpha_0^{(j)} = p(y_{ij} = 1 | t_i = 0)$$

を表します．2 行目の要素は，それぞれ対応する一行目の要素の補事象であ

り，ワーカが 0 と回答する確率を表します．

この行列の対角成分（青色の部分）では正解とワーカの回答が一致し，非対角成分（赤色の部分）では正解とワーカの回答が異なっています．青色の部分の値が大きく，赤色の部分の値が小さいワーカほど，能力が高いと見なすことができます．

この二つのパラメータ $\alpha_1^{(j)}$ および $\alpha_0^{(j)}$ は，正解のわかっているタスクから以下のように簡単に推定できます．

$$\hat{\alpha}_0^{(j)} = \frac{\sum_{\{i:j\in\mathcal{J}_i\}}(1-t_i)y_{ij}}{\sum_{\{i:j\in\mathcal{J}_i\}}(1-t_i)}, \qquad \hat{\alpha}_1^{(j)} = \frac{\sum_{\{i:j\in\mathcal{J}_i\}}t_i y_{ij}}{\sum_{\{i:j\in\mathcal{J}_i\}}t_i} \tag{3.1}$$

ここでは，正解が 1 であるタスク，0 であるタスクをワーカ $j$ が少なくとも一つは実行していると仮定しています．推定したパラメータを用いてワーカの能力をさまざまな観点から議論することができます．ワーカ $j$ の**正解率**（ワーカの回答と正解の一致率）を計算してみましょう．これは，正解が 1 のデータと正解が 0 のデータがどれだけの割合で存在するかに依存します．ここで，正解が 1 のデータの確率を $q$ とすると，ワーカの正解率は図 3.1 の混同行列から

$$s_j = \alpha_1^{(j)}q + (1-\alpha_0^{(j)})(1-q)$$

となります．$\alpha_1^{(j)}$ が大きく，$\alpha_0^{(j)}$ が小さいワーカほど，正解率が高くなることがわかります．

ところで，たとえワーカが当てずっぽうで答えたとしても，まぐれ当たりで正解する可能性があるため，正解率は 0 にはなるとは限りません．そのため，正解率が 0 に近いワーカ（ほとんど常に正解と反対に答えるワーカ）は，悪意のあるワーカや，問題を勘違いして回答を逆に付けているワーカと考えられます．例えば，「正常なメール」と「迷惑メール」を分類するタスクで，「正常なメール」にチェックをするという指示があるのに，勘違いをして「迷惑メール」にチェックをするような間違いをするユーザも実際に見られます．ところが，そのようなワーカを正解のわかっているデータを使って特定できれば，それらのワーカの回答を逆に付け替えることで正解を高い精度で推定可能です [41]．

一方，ランダムに回答をするワーカは，最初から金銭だけが欲しくて問題を見ずに答えるいわゆるスパムワーカや，回答するのに十分な能力がなく当てずっぽうで答えるワーカや，あるいは人間ではなくプログラムである場合も考えられます．これらのワーカの行動としては，ランダムに回答する場合と一つのラベルを常に選択する場合が考えられますが，いずれの場合も問題に無関係に回答するので，ワーカの回答の確率が正解に依存しない，すなわち $p(y_{ij}=1|t_i=1)=p(y_{ij}=1|t_i=0)$ となります．これを，ワーカのパラメータを用いて書き直すと $\alpha_1^{(j)}=\alpha_0^{(j)}$ であり，$\alpha_1^{(j)}-\alpha_0^{(j)}$ の値が 0 に近いほど，スパムワーカである可能性が高くなります．これをもとに，**スパマースコア**

$$S^j=(\alpha_1^{(j)}-\alpha_0^{(j)})^2$$

が提案されています．$S^j$ は $[0,1]$ の値をとることに注意してください．例えば，常に正解と一致した回答を行うワーカは，$\alpha_1^{(j)}=1$，$\alpha_0^{(j)}=0$ よりスパマースコアが $S^j=1$ となりますが，常に正解と反対の回答を行うワーカも，$\alpha_1^{(j)}=0$，$\alpha_0^{(j)}=1$ よりスパマースコアが $S^j=1$ になります．一方，正解に関係なく常に 1 と回答するワーカ（$\alpha_1^{(j)}=1$，$\alpha_0^{(j)}=1$）や正解に関係なく常に 0 と回答するワーカ（$\alpha_1^{(j)}=0$，$\alpha_0^{(j)}=0$）のスパマースコアは $S^j=0$ となります．なお，これは二値分類の場合の指標ですが，多値分類や順序ラベルの場合の手法も提案されています [80]．

### 3.2.3 タスクの難易度の考慮

今までの議論は，ワーカはどのタスクに対しても同じ確率で間違った回答をするという前提に立っていました．もちろん実際には，タスクには簡単なタスクもあれば難しいタスクもあり，一般には前者よりも後者のほうが正解率が低くなります．クラウドソーシングでは，先に述べたようにすべてのワーカが同じタスクの集合を実行するとは限らず，ワーカによって割り当てられるタスクの組み合わせが異なるため，単純に正解率だけに基づいてワーカを評価すると，難しいタスクを割り当てられたワーカが，易しいタスクを割り当てられたワーカに対して不当に低く評価される可能性があります．

このような問題を解決するための方法として，テスト問題の設計に用いられる**項目反応理論**（**item response theory**）を用いることができます．項目反応理論は長い研究の歴史があり，受験者の回答からその人の能力を正確に推定するためのさまざまな方法が提案されており，TOEFL などの実際の試験に活用されています．受験者全員が同時に同じ問題を解くセンター試験などとは異なり，TOEFL などのテストでは，時期を変えて何度もテストが実行され，そのたびに問題のセットは異なります．もちろん，同じ難易度になるようにテスト問題は調整されますが，ある程度のばらつきは避けられません．そのため，異なる時期に異なる問題セットを受験した受験者同士の能力を，公平に比較する方法が必要となります．これは，異なるタスクを実行したワーカの能力を比較するというクラウドソーシングにおける問題と同一です．項目反応理論を用いれば，ワーカの能力を単純な正解率ではなくタスクの**難易度**を考慮して評価することができます．

以下では，二値分類の問題に，項目反応理論を適用してみましょう．ワーカ $j$ の能力の高さを表すパラメータを $\theta_j$，タスク $i$ の難易度を表すパラメータを $\gamma_i$ とします．ここで，ワーカの回答と正解が一致しているか否かを表す変数 $z_{ij} = 1 - |t_i - y_{ij}|$ を導入します．このとき，ワーカ $j$ がタスク $i$ で正解する確率が

$$p(z_{ij} = 1) = \frac{\exp(\theta_j - \gamma_i)}{1 + \exp(\theta_j - \gamma_i)} = \Psi(\theta_j - \gamma_i) \tag{3.2}$$

であるとします．$\Psi$ はロジスティック関数

$$\Psi(x) = \frac{e^x}{1 + e^x} = \frac{1}{1 + e^{-x}}$$

を表し，**図 3.2** のような形をしています．ワーカの能力 $\theta_j$ がタスクの難易度 $\gamma_i$ に対して高ければ，正解する確率は 1 に近づき，低ければ 0 に近づく．ワーカの能力とタスクの難易度が等しい $(\theta_j = \gamma_i)$ とき，正解する確率は 0.5 となります．

これは項目反応理論の中で最も単純な**ラッシュモデル**（**Rasch model**）と呼ばれるもので，正解とワーカの回答から，ワーカの能力パラメータと難易度パラメータを同時に推定することが可能です．PROX（The Normal Approximation Estimation Algorithm）[61] と呼ばれる方法では，ワーカ $j$ の実行したタスクの難易度パラメータ $\gamma$ が平均 $\lambda_j$，分散 $\rho_j^2$ の正規分布に従うと仮定します．ワーカ $j$ の正解率（正解したタスクの割合）は

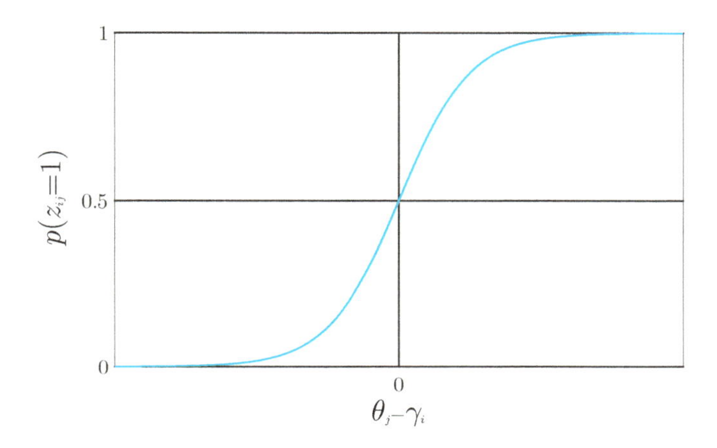


**図 3.2**　ロジスティック関数．横軸 $\theta_j - \gamma_i$ はワーカの能力とタスクの難易度の差，縦軸は正解する確率を表します．

$$s_j = \frac{\sum_{i \in \mathcal{I}_j} z_{ij}}{|\mathcal{I}_j|}$$

ですが，タスクの難易度が上の正規分布に従うと仮定したときのワーカの正解率の期待値は

$$E[s_j] = \int_{-\infty}^{\infty} \Psi(\theta_j - \gamma) \frac{d}{d\gamma} \left\{ \Phi\left( \frac{\gamma - \lambda_j}{\rho_j} \right) \right\} d\gamma$$

と書けます．ここでは，後での計算を簡単にするために，確率密度関数ではなく累積正規分布関数 $\Phi(x)$ を用いて期待値を表しています．

ロジスティック関数 $\Psi$ と累積正規分布関数 $\Phi$ の間の近似式

$$\Psi(x) \approx \Phi(\frac{x}{1.7})$$

を用いて，積分を行うと

$$E[s_j] \approx \Phi\left( \frac{\theta_j - \lambda_j}{\sqrt{\rho_j^2 + 1.7^2}} \right) \approx \Psi\left( \frac{\theta_j - \lambda_j}{\sqrt{1 + (\rho_j/1.7)^2}} \right)$$

となります．これを，データから計算したワーカ $j$ の実際の正解率 $s_j$ に等

しいとおいて，$\theta_j$ について解くと

$$\theta_j \approx \lambda_j + \sqrt{1 + \left(\frac{\rho_j}{1.7}\right)^2} \ln\left(\frac{s_j}{1 - s_j}\right) \tag{3.3}$$

という関係式が求まります．この式 (3.3) で $\frac{s_j}{1-s_j}$ はワーカの正解率のオッズ比で，ワーカの正解率が高いほど，その能力 $\theta_j$ は高くなります．ただし，ワーカによって行ったタスクの集合が異なるため，ここでは単純にワーカの正解率だけからワーカの能力を推定するのではなく，ワーカが解いたタスクの難易度の分布（平均 $\lambda_j$，分散 $\rho_j^2$ の正規分布）を考慮し，原点移動とスケール変換をして補正を加えています．その結果，式 (3.3) では，解いた問題が難しいほど，ワーカの能力も高く評価されます．

式 (3.3) を用いてワーカの能力を計算するには，ワーカの正解率だけでなく，そのワーカが行ったタスクの難易度を知る必要があります．次にタスクの難易度を求める式を導出してみましょう．タスク $i$ を実行したワーカの能力パラメータ $\theta$ が平均 $\mu_i$，分散 $\sigma_i^2$ の正規分布に従っているとします．タスク $i$ の正解率（正解したワーカの割合）を

$$r_i = \frac{\sum_{j \in \mathcal{J}_i} z_{ij}}{|\mathcal{J}_i|}$$

とおくと，その期待値は

$$E[r_i] = \int_{-\infty}^{\infty} \Psi(\theta - \gamma_i) \frac{d}{d\theta} \left\{ \Phi\left(\frac{\theta - \mu_i}{\sigma_i}\right) \right\} d\theta$$

と書けます．ここでも，ワーカの正解率の場合と同様にロジスティック関数を累積正規分布関数で近似して積分を行うと

$$E(r_i) \approx \Phi\left(\frac{\mu_i - \gamma_i}{\sqrt{\sigma_i^2 + 1.7^2}}\right) \approx \Psi\left(\frac{\mu_i - \gamma_i}{\sqrt{1 + (\sigma_i/1.7)^2}}\right)$$

となります．これを正解がわかっているデータから計算した正解率 $r_i$ に等しいとおいて，$\gamma_i$ について解くと

$$\gamma_i \approx \mu_i + \sqrt{1 + \left(\frac{\sigma_i}{1.7}\right)^2} \ln\left(\frac{1 - r_i}{r_i}\right) \tag{3.4}$$

となります．$\frac{1-r_i}{r_i}$ はタスクの正解率 $r_i$ のオッズ比の逆数であり，正解率が低

いほど，難易度が高くなります．それに加えて，タスクによって作業を行ったワーカの集団が異なるため，式 (3.4) はそのタスクを解いたワーカの能力の分布（平均 $\mu_i$，分散 $\sigma_i^2$ の正規分布）を使って補正を行っており，ワーカの能力が高いほど，問題の難易度も高く評価されます．

式 (3.3) と式 (3.4) は互いに依存関係にあり，二つの関係式を繰り返し計算で解くことで，$\{\gamma_i\}$ と $\{\theta_j\}$ を求めることができます．

項目反応理論は，二値の問題以外にも，複数選択肢の問題や選択肢が正しい確率を答えさせる問題など，さまざまな形式のテストに関して手法が開発されています．詳細は参考書[124]などを参照してください．

### 3.2.4　ワーカによる自己評価

これまでに述べたように，ワーカの能力を推定し，能力の低いワーカやその作業結果を除去することは，クラウドソーシングにおける品質管理で基本となるアプローチです．一方で，難しすぎるタスクは，そもそもタスクの設計に問題がある可能性があり，そのようなタスクを発見することも，品質管理上重要です．

項目反応理論ではタスクの難易度を，ワーカの回答から統計的に推定します．その場合，高い精度でタスクの難易度を推定するには，ある程度の人数が同じ問題に回答する必要があります．これはTOEFLのような大規模なテスト問題を扱う場合には妥当な仮定であり，項目反応理論は本来そういった問題を対象に開発されました．一方で，クラウドソーシングで同じタスクを複数のワーカに依頼するのは，アンケート調査のような場合を除くと，タスクの冗長度を上げて品質を向上させたいというのが理由であり，むやみに同じタスクを実行するワーカを増やすことは，コストの上昇につながります．

一方で，あるタスクを実行したワーカであれば，その難易度をある程度判断できる可能性があります．テスト問題では，問題を解いたあとで，その難易度をある程度判断できることが多いでしょう．そこで，問題の難易度についてもクラウドソーシングでワーカに尋ねるというアプローチが考えられます．実際に，映画のレビュー文を読んで，その映画の5段階評価を予測するタスクにおいて，ワーカにタスクの難易度も5段階で評価してもらう実験が行われました．その結果，タスクの難易度とワーカの作業品質（ワーカの予測した映画の5段階評価の正確さ）の間に負の相関があることが示されています[38].

ところで，タスクの「難易度」といった場合，2通りの解釈が考えられます．ワーカ個人が感じる主観的な難易度と，一般の人にとっての難易度です．前者はワーカ個人に依存する属性であり，一般の人には難しいが，能力の高いワーカにとっては易しく感じることもあり得ます．後者はラッシュモデル（式(3.2)）でいうタスクの難易度パラメータ $\gamma_i$ のように，ワーカに依存しないタスク固有の属性です．

このような混同を避けるためには，ワーカに自分の回答が正解と一致する確率を尋ねるほうが適切かもしれません．これは，ワーカによる主観的な確率であり，ワーカの自分の回答に関する「自信」と考えることができます．これは，認知心理学で**確信度判断**（**confidence judgment**）と呼ばれ，**メタ認知**（**metacognition**）[121]（自分自身の認知的能力に関する認知）の一種と考えられています．クラウドソーシングにおいて，ワーカに自分の答えが正しいと思う確率を申告させたところ，実際の正解率と相関があったことが確認されています[75].

一方で，確信度として確率の値を申告させるのでなく，ワーカの選択を通して，間接的に自信を表明させるアプローチも考えられます．具体的には，正解すると高い報酬が得られるが，不正解だとわずかな報酬しか得られないハイリスク・ハイリターンな支払い方法と，正解でも不正解でも報酬があまり変わらないローリスク，ローリターンな支払い方法の2種類を用意します．自分の回答に自信のあるワーカは前者を，自信のないワーカは後者を選択することが期待できます．実際に，このような報酬の選択肢を提示してワーカに選択させることで，ワーカを能力に応じて振り分けられることが示されています[87].

## 3.3 冗長化と誤り訂正

### 3.3.1 多数決による誤り訂正

これまでは，ワーカの能力を推定したり，ワーカに真面目に働くインセンティブを与えることで，個々の作業結果の品質を向上させる方法を説明してきました．しかし，クラウドソーシングにおいては，いかに優秀なワーカを集め，彼らが真剣に仕事をしたとしても，人間が作業を行う以上，誤りの可能性を完全に排除することはできません．そこで，ワーカの回答に誤りがある程度含まれていたとしても，正解を導くことができる一種の**誤り訂正**（**error correction**）の方法が必要となります．

ワーカの作業結果に含まれる誤りに対して，頑健性をもたせる最も単純な方法は，同じタスクを複数のワーカに依頼する**冗長化**（**redundancy**）です．「三人寄れば文殊の知恵」と呼ばれるように，作業を一人だけに依頼するのではなく，例えば二値分類問題の場合，三人に依頼して**多数決**（**majority voting**）をとれば，たとえ一人が間違えたとしても，正しい答えを導くことができます．ここで注意したいのは，多数決が機能する前提は，ワーカの正解率がある程度高いことであることです．上の例でも，三人のうち二人が間違った回答をすれば，正解を導くことはできません．ここで単純化のため，すべてのワーカが同じ正解率 $s$ をもつとすると，$2J+1$ 人での多数決が正解と一致する確率は，間違えるワーカの数が $J$ 人以下である確率なので，

$$\sum_{j=0}^{J} {}_{2J+1}C_j s^{2J+1-j}(1-s)^j$$

で計算できます．この式は，ワーカの正解率 $s$ が 1 に近い場合，少ない冗長度 $2J+1$ でも多数決が正解を導く確率は 1 に近くなりますが，ワーカの正解率 $s$ が 0.5 に近い場合は，$J$ を非常に大きくしなければ，多数決で高い確率で正解を導くことはできないことを示しています [91]．しかし，冗長度を上げることは，その分ワーカに支払うコストが全体として増大することを意味します．このことからも，前節までに述べた方式で，ある程度個々のワーカの正解率を高くしておくことの重要性がわかります．

### 3.3.2 重み付き多数決

上に述べたような，一人一票で多数決を行う単純多数決は，すべてのワーカの能力（正解率）が等しいと仮定していると見なすことができます．しかし，クラウドソーシングにおいてはワーカの能力にばらつきがあることが多いです．その場合，正解率の高いワーカの意見と，正解率の低いワーカの意見を同等に扱って多数決をとることは必ずしも得策ではありません．このような状況では，ワーカによって票の重みを変える**重み付き多数決**（**weighted ma-**

**jority voting**）が有効です．もし，正解がわかっているタスクを用いた事前テストなどで，ワーカの正解率がわかっていれば，正解率の高いワーカの意見を重視することで，正解を導ける可能性が高くなるでしょう．これをより体系的に行うには，正解のわかっているデータを使って，図 3.1 に示した各ワーカの能力パラメータ $\alpha_1^{(j)}=p(y_{ij}=1|t_i=1)$ および $\alpha_0^{(j)}=p(y_{ij}=1|t_i=0)$ をまず推定します．次にこれらのパラメータを用いて，正解が不明なタスクにおけるワーカの回答 $\{y_{ij}\}$ から，正解 $t_i$ の事後確率を計算することで，正解を推定することができます [93]．

正解 $t_i$ の分布（正解の中にどのような割合でクラス 1 とクラス 0 が含まれるか）に関して事前の知識がない（事前確率が一様な）ときは，正解を $t_i = 1$ とした場合と正解を $t_i = 0$ とした場合でそれぞれ以下の式の値を計算し，大きな値となったほうの $t_i$ を最終的な解とすればよいことになります．

$$\prod_j (y_{ij}p(y_{ij} = 1|t_i = 1) + (1 - y_{ij})p(y_{ij} = 0|t_i = 1)) = \prod_j (\alpha_1^{(j)})^{y_{ij}}(1 - \alpha_1^{(j)})^{(1-y_{ij})}$$

$$\prod_j (y_{ij}p(y_{ij} = 1|t_i = 0) + (1 - y_{ij})p(y_{ij} = 0|t_i = 0)) = \prod_j (\alpha_0^{(j)})^{y_{ij}}(1 - \alpha_0^{(j)})^{(1-y_{ij})}$$

ここで，両者の比の対数

$$\sum_j y_{ij} \ln\left(\frac{\alpha_1^{(j)}}{\alpha_0^{(j)}}\right) - \sum_j (1 - y_{ij}) \ln\left(\frac{1 - \alpha_0^{(j)}}{1 - \alpha_1^{(j)}}\right)$$

となります．この値が 0 より大きければクラス 1 を，そうでなければクラス 0 を解とすればよいことになります．ここで，第 1 項はタスク $i$ に対して 1 という回答（$y_{ij} = 1$）をしたワーカの数をワーカの能力に依存する重み $\ln(\alpha_1^{(j)}/\alpha_0^{(j)})$ を付けて足し合わせたものと考えることができます．重みは正解が 1 のときに 1 と回答する確率が高く，正解が 0 のときには 1 と回答する確率が低い（すなわち能力が高い）ワーカのときに大きくなります．第 2 項も同様にタスク $i$ に 0 という回答（$y_{ij} = 0$）をしたワーカの数にワーカの能力に依存する重み $\ln((1 - \alpha_0^{(j)})/(1 - \alpha_1^{(j)}))$ を付けて足し合わせたものであり，正解が 0 のときに 0 と回答する確率が高く，正解が 1 のときに 0 と回答する確率が低い（すなわち能力が高い）ワーカの重みが大きくなります．よって，この推定方法はワーカの能力によって票に重みを付けて多数決をとる方法と考えることができます．実際に複数の自然言語処理タスクにおいて，このような重み付きの多数決を使うことで，単純な多数決よりも高い精度で正解を推定できることが示されています [93]．

## 3.4 ワーカの能力と正解の同時推定

3.3.2 項で述べたワーカの能力に基づく重み付き多数決の方法は，あらかじめ正解のわかっているデータをワーカに作業をさせて，ワーカの能力を表すパラメータ $\alpha_1^{(j)} = p(y_{ij} = 1 | t_i = 1)$ および $\alpha_0^{(j)} = p(y_{ij} = 1 | t_i = 0)$ が推定できているという前提でした．しかし，実際には正解のあるデータを十分に用意できない場合や，初めてのワーカに作業を依頼しなければならない場合も多くあります．そこで，正解がわかっていないデータに関するワーカの作業結果から，ワーカの能力と正解を同時に推定する方法があれば望ましいことになります．一見そのようなことは不可能に思えるかもしれませんが，実は以下で述べる潜在クラスモデルを用いることで，正解のないデータから，ワーカの能力と正解を推定することが可能です．

### 3.4.1 潜在クラスモデル

3.3.2 項で説明した方法を用いると，正解のわからない問題に対するワーカの回答から，高い精度で正解を推定することができますが，そのためにはワーカの能力を表すパラメータ $(\alpha_0^{(j)}, \alpha_1^{(j)})$ がわかっている必要がありました．一方で，これらのパラメータは，正解がわかっている問題をワーカに解かせることで，初めて推定することができます．すなわち，ワーカの能力を推定するには正解が必要であり，正解を推定するにはワーカの能力を知っている必要があるといった，図 **3.3** のような相互依存の関係になっています．

そこで，正解の推定値に適当な初期値（例えば，多数決の結果）を割り当てて，その正解を用いてワーカの能力パラメータを推測することを考えてみましょう．正解の推定値が実際の正解から大きく離れていなければ，それを使って推定したワーカの能力パラメータも，真の値をある程度反映している

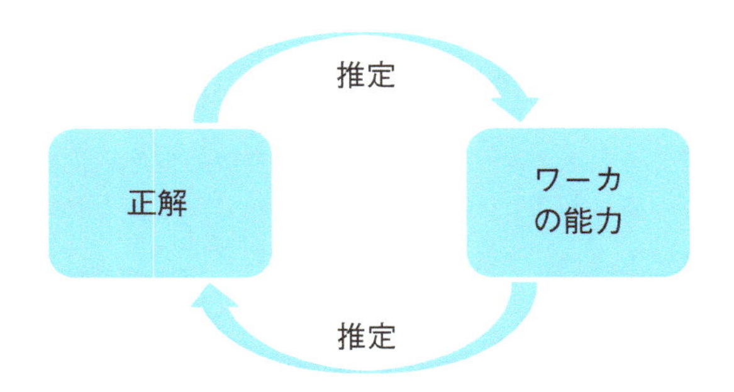


**図 3.3** 正解とワーカの能力の関係．ワーカの能力を推定するには正解が必要であり，正解を推定するにはワーカの能力を知っている必要があります．

と期待できます．次にこの能力パラメータを用いて正解を推定することで，単純多数決よりも高い精度で正解を推定することが期待できます．

このようにして，正解の推定とワーカの能力パラメータの推定を交互に繰り返していく**潜在クラスモデル**（**latent class model**）と呼ばれる方法が知られています [25]．実は潜在クラスモデルは，クラウドソーシングが出現するよりずっと以前に複数の医師による医療診断結果からより信頼性の高い診断を導くために提案されたものですが，近年クラウドソーシングの研究において複数のワーカの回答から正解を導くため用いられるようになりました．さまざまなデータに対して，高い精度で正解を推定できるうえに，アルゴリズムは比較的単純であるのでさまざまな拡張がなされています．そこで，以下ではこのアルゴリズムについて詳しく説明をしましょう．

オリジナルの潜在クラスモデルは多値分類を扱っていますが，本書では簡単のために二値分類の問題で説明します．問題の設定と各変数の意味は 3.2 節と同様とします．

ここで，タスクの正解（実際にはその値はわからない）からワーカの回答が確率的に生成されるような確率モデルを考えます．そのために，正解とワーカの回答の同時分布が，以下のような項の積で書けると仮定します．

$$p(\{t_i\}, \{y_{ij}\}) = \prod_{i \in \{1,\ldots,N\}} \prod_{j \in \mathcal{J}_i} p(y_{ij}|t_i)p(t_i)$$

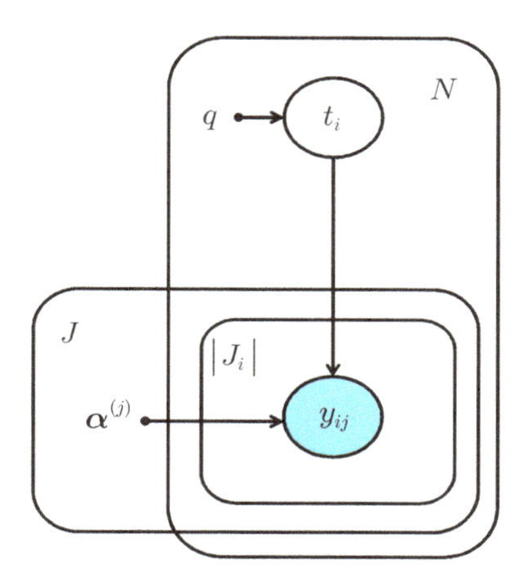


**図 3.4**　潜在クラスモデル．観測できるのは，ワーカの回答 $\{y_{ij}\}$ だけであり，これをもとに正解 $\{t_i\}$，正解のクラス分布のパラメータ $q$，およびワーカの能力パラメータ $\{\boldsymbol{\alpha}^{(j)}\} = \{(\alpha_0^{(j)}, \alpha_1^{(j)})\}$ を推定します．

上の式でまず，タスク $i$ の正解は確率 $q$ で値 1 を，確率 $1-q$ で値 0 をとるとします．すなわち，$q$ をパラメータとするベルヌーイ分布 $p(t_i) = q^{t_i}(1-q)^{(1-t_i)}$ により生成されると考えます．次に，図 3.1 に示したワーカの能力パラメータに応じて，正解からワーカの回答が確率的に決まると考えます．具体的には，タスク $i$ の正解が $t_i = 1$ のとき，ワーカ $j$ のタスク $i$ への回答は $y_{ij}$ は $\alpha_1^{(j)}$ をパラメータとするベルヌーイ分布 $p(y_{ij}|t_i = 1) = (\alpha_1^{(j)})^{y_{ij}}(1-\alpha_1^{(j)})^{(1-y_{ij})}$ に従うと仮定します．同様に，タスク $i$ の正解が $t_i = 0$ のとき，ワーカ $j$ のタスク $i$ に対する回答 $y_{ij}$ は $\alpha_0^{(j)}$ をパラメータとするベルヌーイ分布 $p(y_{ij}|t_i = 0) = (\alpha_0^{(j)})^{y_{ij}}(1-\alpha_0^{(j)})^{(1-y_{ij})}$ に従うと仮定します．

**図 3.4** に潜在クラスモデルのグラフィカルモデルを示します．ここに示された確率変数やパラメータの中で，我々が実際に知ることができるのは，ワーカの回答 $\{y_{ij}\}$ だけであり，これをもとに正解 $\{t_i\}$，正解のクラス分布のパラメータ $q$，およびワーカの能力パラメータ $\{\boldsymbol{\alpha}^{(j)}\} = \{(\alpha_0^{(j)}, \alpha_1^{(j)})\}$ を求めるのが目的です．

図 3.4 のモデルは，隠れ変数（正解）を含んだモデルになっており，この

ような状況でパラメータ推定を行う際に用いられる一般的な方法である **EM** (**Expectation Maximization**) **法**を用いることができます．具体的には，以下の二つのステップを交互に行うことで，隠れ変数とパラメータを交互に推定します．

**E ステップ**：正解のクラス分布のパラメータ $q$ およびワーカの能力パラメータ $\{\boldsymbol{\alpha}^{(j)}\}$ の推定値を固定して，隠れ変数（正解）$\{t_i\}$ の期待値を推定します．

**M ステップ**：隠れ変数（正解）$\{t_i\}$ の期待値を固定して，正解のクラス分布のパラメータ $q$ およびワーカの能力パラメータ $\{\boldsymbol{\alpha}^{(j)}\}$ を推定します．

E ステップにおいては隠れ変数（正解）$t_i$ の期待値を計算しますが，正解は 0 ないし 1 の値をとる二値変数で，その期待値は 0 と 1 の間の値をとることに注意してください．この期待値は，$t_i = 1$ の場合と $t_i = 0$ の場合を考えると，それぞれ

$$
\begin{aligned}
E[t_i] =& p(t_i = 1 | \{y_{ij}\}) \\
=& \frac{q}{Z_i} \prod_{j \in \mathcal{J}_i} \left\{ (\alpha_1^{(j)})^{y_{ij}} (1 - \alpha_1^{(j)})^{(1-y_{ij})} \right\}
\end{aligned}
$$

と

$$
\begin{aligned}
1 - E[t_i] &= p(t_i = 0 | \{y_{ij}\}) \\
&= \frac{1-q}{Z_i} \prod_{j \in \mathcal{J}_i} \left\{ (\alpha_0^{(j)})^{y_{ij}} (1 - \alpha_0^{(j)})^{(1-y_{ij})} \right\}
\end{aligned}
$$

で計算できます．ここで，$Z_i$ は両者の和を 1 にするための正規化定数ですが，上の二つの式を $E[t_i] + (1 - E[t_i]) = 1$ のもとで解くと

$$
\begin{aligned}
Z_i =& q \prod_{j \in \mathcal{J}_i} \left\{ (\alpha_1^{(j)})^{y_{ij}} (1 - \alpha_1^{(j)})^{(1-y_{ij})} \right\} \\
&+ (1-q) \prod_{j \in \mathcal{J}_i} \left\{ (\alpha_0^{(j)})^{y_{ij}} (1 - \alpha_0^{(j)})^{(1-y_{ij})} \right\}
\end{aligned}
$$

の値が得られ，期待値 $E[t_i]$ を計算することができます．M ステップにおいて，クラス分布のパラメータは

$$\hat{q} = \frac{\sum_{i \in \{1,\dots,N\}} E[t_i]}{N}$$

で推定されます．これは，各タスクの正解の期待値を平均したものです．ワーカの能力パラメータは $\{\boldsymbol{\alpha}^{(j)}\}$ は

$$\hat{\alpha}_0^{(j)} = \frac{\sum_{i \in \mathcal{I}_j} (1 - E[t_i]) y_{ij}}{\sum_{i \in \mathcal{I}_j} (1 - E[t_i])},$$
$$\hat{\alpha}_1^{(j)} = \frac{\sum_{i \in \mathcal{I}_j} E[t_i] y_{ij}}{\sum_{i \in \mathcal{I}_j} E[t_i]}$$

と推定されます．これは，正解が二値の場合にワーカの能力パラメータを推定する式 (3.1) を，正解の期待値を区間 $[0,1]$ 上の連続値をとるソフトなラベルと扱ってパラメータ推定を行うように拡張したものと考えることができます．例えば，正解の期待値 $E[t_i]$ が 1 のタスクは，$\hat{\alpha}_1^{(j)}$ の計算においてだけカウントされ，$\hat{\alpha}_0^{(j)}$ の計算ではカウントされず，正解の期待値 $E[t_i]$ が 0 のタスクは，$\hat{\alpha}_0^{(j)}$ の計算においてだけカウントされ，$\hat{\alpha}_1^{(j)}$ の計算ではカウントされません．一方，正解の期待値 $E[t_i]$ が 0.5 のタスクは，両方のパラメータの計算において半分ずつカウントされます．

EM 法は一般に，局所的な最適解への収束は保証しますが，大域的な最適解への収束は保証されません．EM 法を用いた潜在クラスモデルも同様で，初期値に依存して異なった局所解が得られます．そのため，初期化をどのように行うかが重要ですが，よく用いられる方法は $i$ 番目の正解 $t_i$ の期待値を，そのタスクに対するワーカの回答の分布に基づいて定める方法です．二値変数の場合は，このタスクに 1 と回答したワーカの割合を初期値として用います．この初期化の方法は，比較的良好な局所解を与えることが経験的に知られています [25]．

### 3.4.2 タスクの難易度の考慮

潜在クラスモデルでは，問題の難易度は一定であると仮定してワーカの能力を推定していました．一方，3.2.3 項で説明したように，ワーカの能力を正確に評価するには，タスクの難易度を考慮する必要があります．項目反応理論は，正解がわかっているタスクを用いてワーカの能力を推定するための手法ですが，正解が与えられていない場合でも，タスクの難易度を考慮して，

ワーカの能力と正解とを同時に求めることができるGLAD法が提案されています[108].

この方法では，ワーカの能力，タスクの難易度，正解確率の関係は以下の式で表されます．

$$p(z_{ij}=1)=\frac{\exp(\eta_i\theta_j)}{1+\exp(\eta_i\theta_j)} \tag{3.5}$$

ここでは，$1/\eta_i$ がタスクの難しさを表すパラメータになっており，タスクが非常に難しければ（$\eta_i \to 0$），どんなに能力の高い（$\theta_j$ が大きい）ワーカであっても1/2の確率（当て推量）でしか正解できず，タスクが非常に易しければ（$\eta_i \to \infty$），正の能力をもつ（$\theta_j > 0$ の）すべてのワーカが常に正解できるようになります．

GLAD法においても，ワーカの回答 $\{y_{ij}\}$ が与えられたとき，EM法を用いて正解 $\{t_i\}$ の推定と，問題の難易度 $\{\eta_i\}$ およびワーカの能力 $\{\theta_j\}$ の推定を交互に行います．なお，式(3.5)での $\eta_i$ はラッシュモデル（式(3.2)）における難易度パラメータ $\gamma_i$ には対応していません．むしろ，より一般的な項目反応モデルである2パラメータロジスティックモデル

$$p(z_{ij}=1)=\frac{\exp(\eta_i(\theta_j-\gamma_i))}{1+\exp(\eta_i(\theta_j-\gamma_i))} \tag{3.6}$$

における項目識別力パラメータ $\eta_i$ に対応しています．項目識別力パラメータは問題がどれだけ回答者の能力を判別する力があるかを示しており，ロジスティック関数における立ち上がりの急峻さに対応しています．**図3.5**に項目識別力パラメータと正解率の関係を示します．項目識別力パラメータ $\eta_i$ が0に近ければ，ロジスティック関数はなだらかな立ち上がりを示し，ワーカの能力が異なっても正解率があまり変化しませんが，$\eta_i$ が大きければワーカの能力の閾値の前後で正解率が大きく変化します．ただし，GLAD法のモデルでは $\gamma_i$ をすべて0とおいており，項目識別力パラメータ $\eta_i$ が同じであればワーカの能力が高いほうが正解率が高く，ワーカの能力 $\theta_j$ が同じであれば項目識別力パラメータが大きいほうが正解率が高くなりますので，$\eta_i$ は問題の難しさ（の逆数）を表していると見なすことができます．このように，GLAD法のモデル（式(3.5)）も項目反応理論のモデルの特殊な場合と見なすことができ，彼らの方法はそれを正解のない場合に拡張したものと考えることができます．

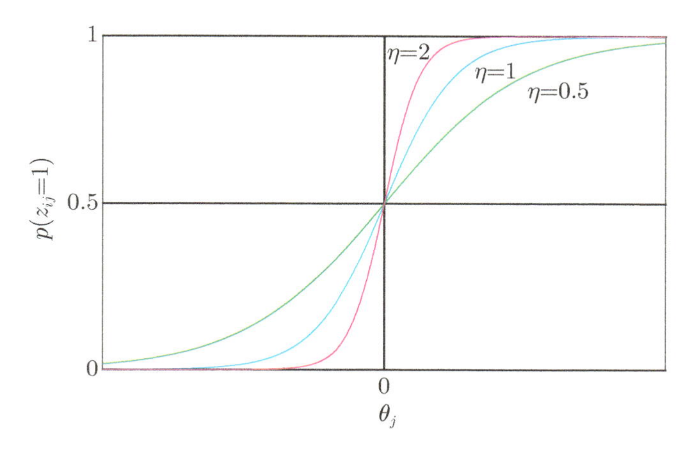


**図 3.5** 項目識別力パラメータ $\eta$ と正解率の関係．$\eta$ が 0 に近ければワーカの能力が異なっても正解率があまり変化しませんが，$\eta$ が大きければワーカの能力の閾値の前後で正解率が大きく変化します．

### 3.4.3 タスクとワーカの相性の考慮

これまでに述べてきたモデルでは，ワーカは 1 次元の能力パラメータ，タスクも 1 次元の難易度パラメータで表現できるという仮定に基づいていました．しかし，人間の能力は多面的であり，例えば語学力や，計算力，記憶力といったさまざまな要素があります．一方，タスクも，それを遂行するのに必要な能力において違いがあり，あるタスクは高度な語学力を必要とする一方で計算力は必要でなく，別のタスクは逆に語学力を必要としない一方で高度な計算力を必要とする，といった違いがあります．これにより，あるワーカ（語学力が高いが，計算力は低いワーカ）にとって簡単なタスクが，別のワーカ（語学力は低いが，計算力は高いワーカ）にとっては難しく感じる，といったワーカとタスクの「相性」の違いが生じてきます．

このような状況をモデルに取り入れるためには，ワーカのパラメータとタスクのパラメータを 1 次元のパラメータではなく，それぞれ $M$ 次元の特徴ベクトル

$$\boldsymbol{\theta}^{(j)} = (\theta_1^{(j)}, \theta_2^{(j)}, \ldots, \theta_M^{(j)})^{\mathrm{T}}$$

および

$$\boldsymbol{\eta}^{(i)} = (\eta_1^{(i)}, \eta_2^{(i)}, \ldots, \eta_M^{(i)})^{\mathrm{T}}$$

で表現する必要があります．文献[107]では上のようなワーカとタスクの特徴ベクトルが与えられたときに，ワーカの回答が

$$p(y_{ij} = 1) = \Phi(\boldsymbol{\eta}^{(i)\mathrm{T}}\boldsymbol{\theta}^{(j)} - \tau_j) \tag{3.7}$$

に従って確率的に決まるというモデルを用い，ワーカの回答からワーカおよびタスクの特徴ベクトルを推定する方式を提案しています．ここで，$\Phi$ は累積正規分布関数であり，図 3.2 のロジスティック関数と同様の形をしています．よって式 (3.7) は，ワーカのパラメータとタスクのパラメータの類似度（内積）が閾値 $\tau_j$ より大きければワーカは 1 と回答し，そうでなければ 0 と回答する確率が大きくなるようなモデルを表しています．

一方，項目反応理論においても，受験者の能力がいくつかの異なる要素から構成されるという仮説に立った**多次元項目反応理論**（**multidimensional item response theory**）[83] の研究が行われています．その基本的なモデルでは，

$$p(z_{ij} = 1) = \frac{\exp(\boldsymbol{\eta}^{(i)\mathrm{T}}\boldsymbol{\theta}^{(j)} + \delta_i)}{1 + \exp(\boldsymbol{\eta}^{(i)\mathrm{T}}\boldsymbol{\theta}^{(j)} + \delta_i)} \tag{3.8}$$

により，受験者の能力パラメータ $\boldsymbol{\theta}^{(j)}$ およびテスト問題のパラメータである $\boldsymbol{\eta}^{(i)}$ と $\delta_i$ から，その受験者が正解するかどうか ($z_{ij}$) が定まります．$\delta_i$ は問題の難易度を表すパラメータで，値が大きいほど正解する確率が高くなります．式 (3.8) は 2 パラメータロジスティックモデル（式 (3.6)）の多次元への拡張になっており，文献[107] のモデル（式 (3.7)）との類似点も多いことがわかります．

### 3.4.4 ワーカの確信度の考慮

GLAD 法ではタスクの難易度をデータから推定するアプローチをとっています．一方で 3.2.4 項で述べたように，タスクの難易度，あるいはワーカの回答に関する自信を直接ワーカに尋ねるというアプローチもあります．こちらのほうが，人間のメタ認知能力を積極的に活用するという点で，よりヒューマンコンピュテーションの考え方を推し進めた方法といえるかもしれません．ワーカが自分の回答が正しいと思う確率が確信度として得られれ

ば，それを実際の正解率と見なし，3.3.2 項で述べたような方法で重みを付けて多数決をとることもできます．

ただし，ワーカの自己申告した自信（確信度）をそのまま鵜呑みにするのは少々危険です．確信度と正解率の間には相関がありますが，正解率に比べて確信度が高い自信過剰なワーカや，正解率に比べて確信度が低い自信過小なワーカも存在します．確信度判断の正確さは人によって異なり，各ワーカの付けた確信度を一様に扱うのではなく，ワーカの自己評価の正確さの違いを考慮する必要があります．

そこで，潜在クラスモデルを拡張した以下のようなモデルを考えます [75]．

$$
\begin{aligned}
&p(\{t_i\}, \{y_{ij}\}, \{c_{ij}\}) \\
&\quad = \prod_{i \in \{1,\ldots,N\}} \prod_{j \in \mathcal{J}_i} p(c_{ij}|y_{ij}, t_i) p(y_{ij}|t_i) p(t_i)
\end{aligned}
$$

$c_{ij} \in \{0, 1\}$ $(j \in \mathcal{J}_i)$ はワーカ $j$ のタスク $i$ に対する確信度であり，自信がある場合が 1，ない場合が 0 に対応します *3．ワーカ $j$ のタスク $i$ 対する確信度 $c_{ij}$ は正解 $t_i$ とワーカの回答 $y_{ij}$ に依存すると考えます．例えば，正解が $t_i = 0$ かつワーカ $j$ の回答が $y_{ij} = 0$ のときの確信度は，$\beta_{00}^{(j)}$ をパラメータとするベルヌーイ分布 $p(c_{ij}|t_i = 0, y_{ij} = 0) = (\beta_{00}^{(j)})^{c_{ij}}(1 - \beta_{00}^{(j)})^{(1-c_{ij})}$ により確率的に決定されるとします．残りの三つの場合の条件付き分布，$p(c_{ij}|t_i = 0, y_{ij} = 1)$，$p(c_{ij}|t_i = 1, y_{ij} = 0)$ および $p(c_{ij}|t_i = 1, y_{ij} = 1)$ も同様に定義されます．$\boldsymbol{\beta}^{(j)} = \{\beta_{00}^{(j)}, \beta_{01}^{(j)}, \beta_{10}^{(j)}, \beta_{11}^{(j)}\}$ はワーカ $j$ に固有の，確信度判断の正確さを表すパラメータの組です．これらのパラメータを用いることで，自信過剰なワーカは自分の回答が正しくない場合でも高い確信度を付け，逆に自信過小なワーカは自分の回答が正しい場合でも低い確信度を付ける，といった各ワーカの傾向を考慮したモデル化が可能となります．正解およびパラメータの推定は潜在クラスモデルと同様に EM 法を用いて行うことができます．

## 3.5 複雑な出力をもつタスクへの拡張

これまでの説明では，単純化のためにワーカの出力（ラベル）は二値の場合を

*3 ここでは単純化のために確信度を二値で扱っています．

扱ってきました．しかし，実際のクラウドソーシングで依頼されるタスクは，

- 一つのラベルが二つ以上の候補から選ばれる多値分類
- 同時に二つ以上のラベルが選ばれるマルチラベル分類
- データに順序が付与させるランキング問題
- 出力がテキストなどのフリーフォーマットで与えられる問題

など多様ですので，それぞれに対応した品質管理手法が必要となります．

この中で，多値分類は，二値分類からの拡張は比較的単純です．オリジナルの潜在クラスモデル [25] も多値分類を対象に提案されており，そこではワーカのラベルが多項分布に従うというモデルを用いています．

マルチラベル分類は，各ラベルを独立と考え，それぞれに対して二値分類の品質管理手法を適応することも考えられます．しかし，この方法はラベル間の相関を考慮していないため，必ずしも効果的な方法ではありません．例えば，画像やテキストに「喜び」「怒り」「悲しみ」といった感情を表すラベルを付与する問題を考えてみましょう．一つの画像やテキストが，複数の感情を同時に表現する場合があるので，この問題はマルチラベル分類として取り扱うことが自然です．実際のデータでは「喜び」と「怒り」のラベルが同時に付与させる可能性は低いですが，「怒り」と「悲しみ」は同時に付与される可能性が高いといったラベル間の共起関係が存在します．各ラベルを独立に扱う方法では，このような共起関係に関する情報を直接的に取り扱うことはできませんが，一方ですべてのラベルの組み合わせを考慮することは，推定するパラメータの数が多くなりすぎるので，現実的ではありません．そこで，ベイジアンネットワークでラベル間の依存関係を表現することで，効率的にラベル間の共起関係を考慮して品質管理を行う手法が提案されています [28]．

これまでに述べた多値分類もマルチラベル分類も，正解の候補は有限集合で，かつその要素は事前にわかっているということを前提にしていました．しかし実際のクラウドソーシングで用いる問題では，正解の候補が事前にはわからないことのほうが一般的でしょう．例えば，ある会社の社長の名前を調べるタスクをクラウドソーシングで依頼することを考えてみましょう．この場合，正解の名前は一つしかありませんが，不正解の名前は複数あり得ます．誤って過去の社長の名前を答えることもあるでしょうし，漢字を間違えたり，スパムワーカが適当な答えを入力することも考えると，誤回答の候補

は無数にあり得る（可算無限個である）ことを考慮しなければなりません．

一方で，これら不正解の出現確率にも，大きな違いがあることが予想されます．社長が交代した直後であれば，前社長の名前を解答するワーカが非常に多いでしょうし，スパムワーカが適当に入力した名前が他のワーカの回答と一致する確率は非常に低いと予想されます．

このようなワーカの回答の生成過程をモデル化するために**中華料理店過程**（**Chinese Restaurant Process**）を用いたモデルが提案されています[59]．中華料理店過程は，中華料理店のテーブルに客が着席する様子から名前がとられており，多くの客がすでに着席しているテーブル（多くのワーカが入力した解答）ほど，新しい客が着席する（新しいワーカが入力する）確率が高くなるというモデルになっており，上記のような誤回答の分布を表現することができます．このモデルでも，ワーカの解答だけを観測変数として，正解や問題の難易度とワーカの能力を隠れ変数としたEM法を適用することで，正解を推定することができます．

クラウドソーシングを用いたデータ処理の重要な問題の一つに，検索エンジンや推薦システムにおけるランキング生成があります．検索エンジンで検索可能なウェブページや推薦システムの対象となる映画などは膨大にあり，単にそれらを適合か不適合かに分類するだけでは，ユーザに提示しきれないページや映画が大量に出てきてしまい，有用ではありません．この問題では，対象を適合か不適合かに分類するのではなく，適合度に従って順序を付け，相対的に高い適合度のものから提示するといった処理が必要となります．また，例えば文章の検索キーワードへの適合度は，多くの人間の主観的な判断に依存するものであり，クラウドソーシングによって多くの人々の意見を集約するアプローチが適しています．

ユーザの判断を集める方法としては，例えば複数の候補を提示してそれらに順序を付けてもらう明示的な方法や，ユーザが検索結果の中から選択したものが，選択されなかったものより適合度が高いと判定するような暗黙的な方法があります．

いずれの場合でも，大量の検索・推薦対象すべてに対し，一人のユーザに順序を付けてもらうことは現実的ではなく，各ユーザが順序を付けるのは，対象全体の一部になります．また，あるユーザはAをBより高く評価し，別のユーザはBをAより高く評価するといった，互いに矛盾する評価が存在する場合もあります．このような，部分的な多数の評価と可能な限り合致する，一つの全体的なランキングを決定することが品質管理の課題となります．

実は，複数のランキングを統合する問題は古くから研究されていました．**Bradley-Terry モデル**[15] は，対象 $o_i$ と $o_{i'}$ のどちらが上位にランキングされるかという一対比較から，全体的なランキングを決定するためのモデルです．そこでは，$o_i$ が $o_{i'}$ より上位にランキングされる確率が

$$p(o_i \succ o_{i'}) = \frac{\exp(\eta_i)}{\exp(\eta_i) + \exp(\eta_{i'})}$$

に従うと仮定します．ワーカ $j$ が与えた一対比較の集合を $\mathcal{I}_j$ とすると，複数のワーカによる一対比較の結果の対数尤度は

$$\sum_j \sum_{(i,i') \in \mathcal{I}_j} \ln \left( \frac{\exp(\eta_i)}{\exp(\eta_i) + \exp(\eta_{i'})} \right)$$

で表されます．これを最大にするパラメータ $\{\eta_i\}$ を求め，その値の大きい順に対象 $\{o_i\}$ を並べることで，全体的なランキングを得ることができます．

Bradley-Terry モデルはワーカの能力の差を考慮しておらず，正しい一対比較を与える確率はすべてのワーカにおいて等しいと仮定していました．これに対し，各ワーカの能力の違いを考慮できるように Bradley-Terry モデルを拡張したモデルが提案されています [19]．

そこでは，真の順序が $o_i \succ o_{i'}$ であるときに，ワーカ $j$ が正しい順序を与える確率

$$\theta_j \equiv p(o_i \succ_j o_{i'} | o_i \succ o_{i'})$$

を導入します．このとき，複数のワーカによる一対比較の結果の対数尤度は

$$\sum_j \sum_{(i,i') \in \mathcal{I}_j} \ln \left[ \theta_j \left( \frac{\exp(\eta_i)}{\exp(\eta_i) + \exp(\eta_{i'})} \right) + (1 - \theta_j) \left( \frac{\exp(\eta_{i'})}{\exp(\eta_i) + \exp(\eta_{i'})} \right) \right]$$

で与えられます．最尤推定によりこのモデルのパラメータを求めることで，全体的なランキングと各ワーカの能力（正しい順序を与える確率）を推定することができます．ただし，クラウドソーシングではワーカによる一対比較が与えられる組み合わせは全体に比べると少数で，そのような問題は数値的な不安定性をもつため，正則化項を導入する必要があります *4．このモデル

*4 詳しくは文献 [19] を参照してください．

では，ワーカの一対比較の結果からのランキング推定を行っていましたが，その他にも，全順序として与えられた複数のランキングを統合する場合の品質管理モデルも提案されています [69]．

出力がテキストやデザインなどの非定型フォーマットで与えられるタスクでは，成果物の品質を推定する自然な方法として，成果物を作成する段階（「作成段階」）の後に成果物を評価する段階（「評価段階」）を導入するやり方が考えられます（図 **3.6**）．作成段階では，複数のワーカ（「作成者」）がタスクに割り当てられ，それぞれ成果物を作成します．各成果物は評価段階へと送られ，複数のクラウドソーシングワーカ（「評価者」）によって採点されます．非定型フォーマット出力のタスクにおいて成果物の品質を直接推定することは困難ですが，評価段階を導入することにより間接的に品質を推定し，品質の高い成果物を選ぶことが可能となります．

作成段階と評価段階の 2 段階からなるプロセスの下で，成果物の品質を（教師情報を用いることなく）統計的に推定する手法が提案されています [5]．この手法では作成段階は，作成者の基本パフォーマンスと個々のタスクに依存したパフォーマンスに基づき，ある品質の成果物が生成される過程としてモデル化されています．ここでの品質が推定対象である「真の品質」であり，これは観測できません．評価段階は，評価者が自身のもつ評価バイアスと成果物に対する嗜好に基づいて，ある真の品質をもつ成果物に対する潜在的な品質スコアを定め，そこから採点ラベルを生成する過程としてモデル化されます．

作成段階において，タスク $t$ に対して作成者 $a$ により品質 $q_{t,a}$ の成果物が生成され，評価段階において評価者 $r$ による採点ラベル $g_{t,a}^{(r)} \in \{1, 2, \ldots, n\}$ が生成されるとしましょう．それぞれの段階での生成モデルを考えます．作成段階においては，各作成者 $a$ が能力 $\mu_a \in \mathbb{R}$ を有するとしましょう．高い能力をもつワーカほど高品質の成果物を作成すると考えられます．また，作成者のパフォーマンスは個々のタスクによっても異なるでしょう．例えば翻訳タスクにおいて，基本的な能力が低いワーカであっても情報技術に詳しければ，情報技術に関する文章については質の高い訳文を作成できるということが考えられます．このようなタスクに依存するパフォーマンスを，ノイズとして $v_{t,a} \in \mathbb{R}$ で表現します．作成段階においては最終的に，成果物の真の品質 $q_{t,a} \in \mathbb{R}$ が作成者の基本パフォーマンスとタスクに依存するパフォー

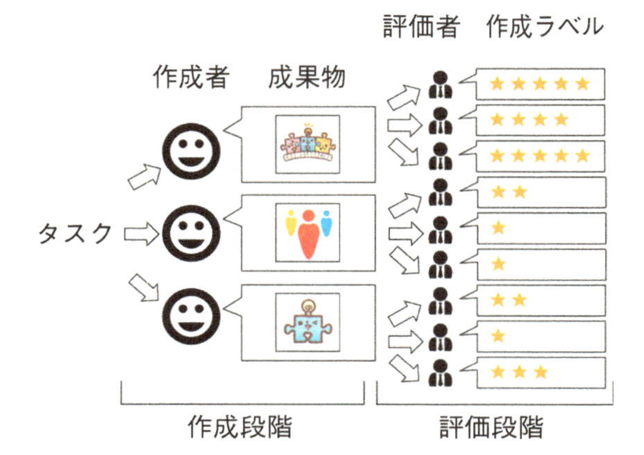


**図 3.6** 非定型フォーマット出力のタスクにおける作成段階・評価段階．作成段階では複数のワーカ（作成者）がそれぞれ成果物を作成します．評価段階では，別の複数のワーカ（評価者）が成果物を採点します．

マンスの和 $q_{t,a} = \mu_a + v_{t,a}$ により決定されるとします．

評価段階においては，各評価者 $r$ が評価バイアス $\eta_r \in \mathbb{R}$ をもつとします．厳しい採点をする評価者ほどバイアスが小さいものとします．また，評価者がもつ成果物に対する嗜好もモデル化されています．例えば，記事執筆タスクの評価において，長文を好む評価者もいれば簡潔な文章を好む評価者もいるでしょう．このような嗜好を，成果物と評価者の組み合わせに依存するノイズ $w_{t,a}^{(r)} \in \mathbb{R}$ として表現します．

評価者 $r$ が作成者 $a$ のタスク $t$ に対する成果物を採点するときに，評価者はまず成果物の潜在的な品質スコア $s_{t,a}^{(r)} \in \mathbb{R}$ を定めるものとします．この品質スコアは成果物の真の品質 $q_{t,a}$，評価者のバイアス $\eta_r$，成果物に対する嗜好 $w_{t,a}^{(r)}$ の和 $s_{t,a}^{(r)} = q_{t,q} + \eta_r + w_{t,a}^{(r)}$ で表現されるとします．最終的に潜在的な品質スコア $s_{t,a}^{(r)}$（連続値）から採点ラベル $g_{t,a}^{(r)}$（離散値）が生成される過程を，**段階反応モデル**（**graded response model**）[88] で表現します．これらのモデルのパラメータを最大事後確率推定により推定することで，作成者・評価者の能力とともに成果物の品質を推定することができます．このモデルを用いることで，特に評価者の人数が少ない場合に，単純に採点ラベルの平均値を用いるよりも高い精度で品質が推定できることが報告されています．

## 3.6 関連する話題

本章ではヒューマンコンピュテーションの品質管理と項目反応理論との関連についてたびたび触れました．両者は回答者・ワーカがその能力と問題・タスクの難易度に応じて正しい回答を行う確率をモデル化するという点で共通ですが，その問題設定には大きな違いがあります．本来，項目反応理論は正解があらかじめわかっているテスト問題を対象としているので，推定するのは問題の正解以外のパラメータになります．これはちょうど，機械学習における教師あり学習の問題設定として考えることができます．一方で，ヒューマンコンピュテーションの文脈では，正解も併せて推定する必要があります．これは，正解がわからないとする教師なし学習や，一部にだけ正解がある半教師あり学習の枠組みで考えるほうがより自然です．項目反応理論はさまざまな質問形式において研究の蓄積があり，それらを拡張してヒューマンコンピュテーションの品質管理に活用することは，今後の研究の方向性の一つとして有望でしょう．

また，本章では，クラウドソーシングの成果物品質の向上やワーカの能力推定といった問題に対して，統計的なモデル化手法を用いたアプローチを紹介してきましたが，他の分野に目を向けてみると，これと非常によく似たアプローチがとられていることがあります．**ウェブ上の情報の信頼性評価**はそのような問題の一つです．ウェブ上にはさまざまな情報や意見があふれており，例えば人々のソーシャルメディア上での発言や，レビューサイトでの評点が我々の消費活動など日々の意思決定に大きな影響を与えています．これらウェブ上の情報は玉石混交であり，これらを適切に用いることができれば，それは大きな力となりますが，ときにデマに踊らされ，正しくない判断をしてしまうことにもつながります．ウェブ上の多数の意見を適切に扱うためには，その信頼性の評価が重要です．

ウェブ上の情報の信頼性評価は，ある情報をクラウドソーシングのタスク，その情報源をクラウドソーシングのワーカ，情報源とその情報の支持関係をワーカの成果物として捉えることで，本章で見た回答統合の問題と同様の問題として考えることができます．例えば，**潜在的信頼性分析**（**latent cred-**

**ibility analysis**）[76] と呼ばれるモデルは，情報源の信頼度をクラウドソーシングワーカの信頼度，判定の難しさをタスクの難易度と考えることで，クラウドソーシングの品質管理モデルとほぼ同じモデルとして解釈できます．

**MOOCs**（**Massive Open Online Courses; 大規模公開オンライン講座**）の課題評価もまた，同様の問題として捉えることができます．MOOCsとはインターネット上で無料で講義を受講できる学習プラットフォームです．教育を望む人に平等に届け，教育の格差を是正するものとして期待されており，Coursera，EdX，Udacity などの代表的なものでは数百万人を超える受講者を抱えるなど，近年急速にその存在感を増しています．

MOOCs における大きな課題の一つが課題評価の人員の確保です．受講者はただ講義を視聴するだけではなく，理解度確認のためのテストを受けたり，宿題を提出したりする必要があります．一つのコースに数万人の受講者がある場合もあり，この場合，数万人が宿題の答案を提出することになります．選択式の問題などの定型的な回答フォームであれば，自動採点が可能なため大きな問題はありませんが，レポートなどの自動評価が難しいのものについては人手での採点が必要であるため，採点可能な数には限界があります．この問題を解決するための有望な策として検討されているのがピアレビュー方式，すなわちコース受講者が互いの宿題を評価するという方式の導入です．ピアレビューへの参加を受講条件として義務付けることで人手の問題を解決することができます．しかしその一方で，今度は採点の質の担保が課題になってきます．その場合には，観測されない真の点数に対し採点者がノイズを加えたものが採点結果として観測されるという，前述の非定型フォーマット出力のタスクにおける成果物品質推定法とよく似たモデル [78] によって，真の点数と能力を推定することができます．

Chapter 4

# クラウドソーシングによるデータ解析

ビジネスや科学の現場において，新たな知見の発見や意思決定にデータを活用する取り組みが活発に進められています．データ利活用の場面が増え，さらに扱うデータが膨大になるとともに，今度はデータ解析に必要となる人的資源の不足が浮き彫りになってきています．この人材不足の解決策として期待を寄せられているのが，人間の労働力を必要に応じて調達するクラウドソーシングの考え方です．本章では，データの準備，データのモデリング，データの解釈といった，データ解析のさまざまな段階におけるクラウドソーシングの活用事例とその方法論を紹介します．

## 4.1　データ解析の労働集約性

近年，ビジネスや科学の多くの分野で，データをさまざまな意思決定やサービスの構築に役立てようという動きが盛んになっています．その背景にはセンサ技術や情報通信技術の進歩と普及により，多種多様なデータが取得・蓄積可能になったことがあります．機械学習や統計科学をはじめとするさまざまなデータ解析技術は，データ利活用を語るうえでしばしば中心的な事項として捉えられています．確かにデータの利活用にはその効率的な自動処理が不可欠であることに間違いはありませんが，一方でそれがすべてであるかのように考えるのもいささか早計でしょう．

1990 年代後半から 2000 年代にかけ，さまざまな業種においてデータマイニング技術の導入が検討され，それに伴う**データ解析プロセス**（**data analysis process**）の標準化の試みがなされてきました．代表例が **CRISP-DM**（**CRoss-Industry Standard Process for Data Mining**）[90] です．CRISP-DM は主にビジネスでのデータ解析の利活用に向けて，データ解析プロジェクトを計画し得られた成果を活用するまでの，包括的なプロセスを定めています．CRISP-DM のデータ解析プロセスは，(1) ビジネス理解，(2) データ理解，(3) データ準備，(4) データモデリング，(5) 評価，(6) 運用の 6 つのフェーズから構成されます（図 **4.1**）．

**(1) ビジネス理解**

データ解析プロセスは，解析の対象となる領域を理解しどのような課題があるか，何を目標とするかといったことの検討「ビジネス理解」から始まります．そのうえで，目標をデータ解析の問題設定に落としこみます．例えば，「顧客の属性情報と過去 3 年間の購買データを用いて，これからの各顧客の製品購入数を予測する」というような具体的な問題設定を定めます．また，このフェーズでは，目標を達成するための時間や予算などのリソース配分の計画も策定します．

**(2) データ理解**

初期データを収集しデータの概要を把握して，集めたデータが目的に適っているかを確認します．そして，可視化や簡単な集計を通じデータを分析し，初期仮説を洗い出します．先ほどの購買予測の例であれば，特定の製品の購入者に共通するパターンなどを分析します．データの品質を検証するのもこのフェーズです．

**(3) データ準備**

初期データの分析と検証を終えたあとは，モデリングで使用するためのデータ準備を行います．データを収集し，誤記・表記ゆれや欠損値などに対処するクレンジング作業を行い，データを整形します．場合によっては，付加的なデータを追加したり，複数のデータを統合することもあります．データに対する注釈付けもこのフェーズに含まれます．

**(4) データモデリング**

データの準備が整ったら，いよいよモデリングのフェーズに移ります．

さまざまなモデリング手法を検討し，適切な手法を選択します．手法が決まったら，データから実際にモデルを構築します．さらに，ドメイン知識を利用して得られたモデルを定性的に分析し，モデルの妥当性を検討します．

**(5) 評価**

前フェーズで作成したモデルを実際に活用する前に，モデルの精度や一般性を確認し，最初に設定した目標をモデルが満たしているか評価します．運用上の観点でモデルに不十分な点がないかも検討します．必要であれば，実環境でのテストも実施します．さらに，モデルが正しく構築されているか，将来的にも取得可能なデータが使われているかなど，モデル構築プロセスについても評価を行います．

**(6) 運用**

最後のフェーズでは，構築したモデルや解析結果を実際の意思決定に活用します．あるいは，実際にシステムに組み込みます．運用計画を作成し，定期的に利用する場合には監視・メンテナンス方法も決定します．

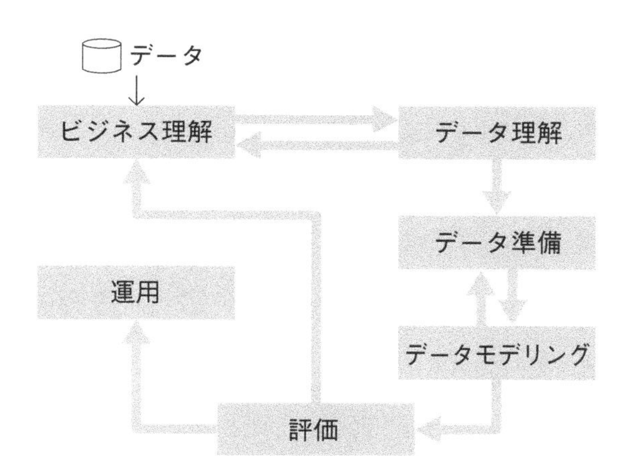


**図 4.1** CRISP-DM のデータ解析プロセス．ビジネス理解，データ理解，データ準備，データモデリング，評価，運用の 6 フェーズから構成されます．

当然のことながら途中で手戻りも起こり得ますし，このプロセスを一周するだけで目標が達成できる保証はありません．結果を検討し，新たなプロセスを実行するという形で何度も繰り返すこともしばしばあります．

CRISP-DM と同様のデータ解析の標準的プロセスとして，**データからの知識発見（Knowledge Discovery in Databases; KDD）プロセス**のガイドラインがあります [31,125]．KDD プロセスは，(1) データ獲得・選択，(2) 前処理，(3) データ変換，(4) パターンの発見，(5) データ解釈・評価の 5 フェーズから構成されますが，その大まかなプロセスの流れは CRISP-DM と大きな違いはありません．

上記のようなデータ解析のプロセスを眺めてみると，データの収集やクレンジング，そして結果の解釈などを含むデータ解析全体のプロセスの中で，データ解析アルゴリズムによって自動化可能な部分は驚くほどに少なく，その多くの部分が人手による地道な作業に依存することに気づかされます．事実，CRISP-DM においても，データ解析アルゴリズムを利用するモデリング部分は全体の 10%から 20%程度が標準的であるとされています．

また，データ解析といっても，すべての結果がデータのみから導かれるわけではなく，解析の結果にデータ解析者の知識や経験が結び付いて初めて意味のある解釈や知見が得られることも少なくありません．言い換えれば，データ解析のプロセスにおいては，データに含まれない「データの外側」を取り込むための人間の役割がきわめて重要であるともいえます．最近，データ解析業務を担当する，いわゆる**データサイエンティスト**がいかに魅力的な職業であるか，またその人材がいかに不足しているかといったことが喧伝されるのを目にします．これらの煽りは，見方によっては上記のようなデータ解析の労働集約性を示すものであるともいえるでしょう．

さて，以上のことからも想像できるように，データ解析や処理における人的ボトルネックを解決するためには，いかに多くの人間の力を必要に応じて調達してくるかがカギになります．これまでに見てきたヒューマンコンピュテーションやクラウドソーシングといった考え方によって人間の労働力を必要に応じて調達することで，前述のデータ解析・処理における人的ボトルネックを解消できるのではないかと考えるのはきわめて自然なことでしょう．データ解析においてクラウドソーシングが利用できる場面は少なくとも三つあります．データの収集や注釈付けなどを行うデータ準備の部分と，そのデータを用いたモデリングの部分，そして，データから知見を導くデータ解釈の部分です．以下ではそれぞれにおけるクラウドソーシング活用の事例とその方法について紹介します．

## 4.2 クラウドソーシングによるデータ準備

### 4.2.1 データ収集

クラウドソーシングを用いたデータ準備の手続きは，実世界から1次データを収集する**データ収集**（**data collection**）と，すでにある1次データを加工して，2次データを作成する**データ整形**（**data processing**）に分類することができます．クラウドソーシングを用いたデータ収集は，**参加型センシング**（**participatory sensing**）[17] や**クラウドセンシング**（**crowd sensing**）[79] と呼ばれ，携帯端末などをもったユーザに，実世界からの画像，音声，位置情報などのデータ収集を依頼します．1章で紹介したシチズンサイエンスでは，このような種類のタスクがしばしば扱われます．クラウドセンシングが，従来からモバイルコンピューティングの分野で扱われてきた分散センシングとは異なる点は，クラウドセンシングにおいてセンサを所有しているのは一般ユーザであり，データの収集にユーザの関与が必要であることです．そのため，他のクラウドソーシングと同様，データの品質管理が問題となります．また，クラウドセンシングではデータ収集を行う参加者をいかにして確保するかも重要な課題であり [84]，参加者にスケジュール通りに仕事をしてもらうためのインセンティブを与える研究も行われています [73]．

また，一般のクラウドソーシングとは異なるクラウドセンシング固有の課題として，電力消費の問題があります [127]．センサは携帯端末のバッテリを消費するため，電力消費を抑えるためにはデータ収集の頻度を下げる必要があります．その解決策として，ユーザが別のアプリケーションを利用する際に，これに便乗する形でついでにデータ収集を行う**便乗型センシング**（**opportunistic sensing**）あるいは**ピギーバックセンシング**（**piggyback sensing**）という方法が用いられています．

クラウドセンシングの主なアプリケーションは以下の三つに大別されます [33]．

- **環境**：大気汚染のレベルや河川の水位，野生動物の生態など自然環境に関するデータを収集する
- **インフラ**：交通渋滞や駐車場の空き状況などの公共インフラの状態に関するデータを収集する
- **ソーシャル**：日々の運動量など個人に関するデータを収集しコミュニティで共有する

### 4.2.2 データ整形

実世界から収集される生のままのデータ，いわゆる 1 次データは測定デバイスや入力装置に依存してさまざまな形式で得られますが，データの再利用性を高めるためには，これらを計算機での処理を行いやすい形式にすることが望ましいです．例えば，音声や手書き文字などのデータはそのままではデータ解析を行うことが難しく，また，自動音声認識や画像認識の精度にも限界があるため，クラウドソーシングを利用して計算機が利用しやすい形式に変換することが有効です．reCAPTCHA[105] も，画像データとしての文字をテキストデータに変換するためにクラウドソーシングを活用している例ともいえます．

近年，データを再利用を許諾するライセンスで提供する**オープンデータ**の取り組みが盛んになっており，さまざまなデータが官公庁のウェブサイトなどで公開されています．しかし，データ提供側の人的資源の制約もあり，そこで公開されているデータがすぐにそのまま利用できる形式になっているとは限りません．例えば，統計表やグラフが PDF や画像として提供されていることもあり，これらを直接データ解析に用いることは困難です．PDF や画像といったデータ形式は，ティム・バーナーズ＝リー（Tim Berners-Lee）によるオープンデータの**五つ星スキーム**（**図 4.2**）*1 では一番低い段階に位置付けられています．このようなデータを，より利用性の高い段階の形式に変換することが求められます．しかし，特にすでに蓄積されたデータに関しては，それをすべて CSV や RDF などデータ解析が容易な形式に変換して提供するには，提供者側の負担が大きくなります．そこで，再利用性の低いデータの再利用性を高めるために，クラウドソーシングを利用することが試

*1 https://5stardata.info/ja/

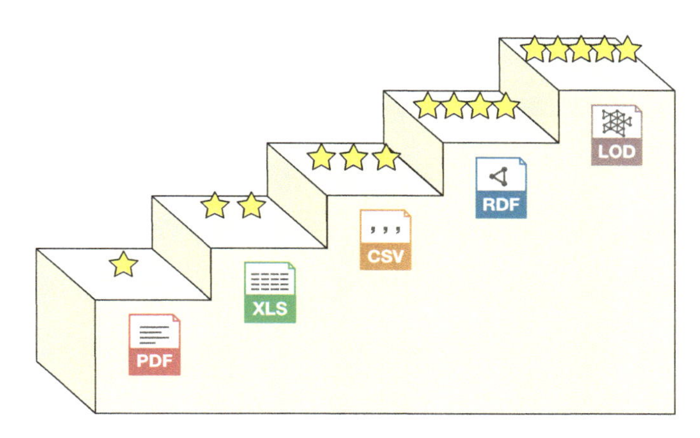


**図 4.2** オープンデータのための五つ星スキーム．星の数が多いほど，データの利用可能性が増します．［http://5stardata.info/ja/を参考に作成］

みられています[123]．

画像として与えられたグラフからデータを抽出したい場合，クラウドソーシングでワーカにグラフデータを提示し，その中のデータを CSV ファイルに表として書き起こしてもらうというタスク設計が考えられます．ワーカが作成した表には，入力誤りや入力漏れの危険があるため，これまで述べてきたデータ分類などのタスクと同様に，品質管理の問題が生じます．しかし，統計表のような複雑なデータの場合，データ系列を縦に並べるか横に並べるかであったり，行や列の順序といった，データの書き起こし方法に多様性があるため，単純多数決のような簡単な品質管理方法はそのまま使えません．その前に，異なるワーカが作成したテーブル間で，同じデータを指しているセルの対応をとる必要があります．

そこで，単にグラフからデータを表に書き起こしてもらうのではなく，もとのグラフ画像をスプレッドシート上のグラフとして再現するタスクが提案されています[74]．例えば，EXCEL のグラフオブジェクト（`Chart`）はデータ系列（`Series`），系列名（`Name`），X 値（`XValues`），値（`Values`）といったプロパティをもち，これらは EXCEL VBA などを用いてプログラムからアクセス可能です．これらのプロパティにより，グラフに対応する表の中の見出しとデータの区別や，表の行や列の並べ替えが容易になるため，複数の

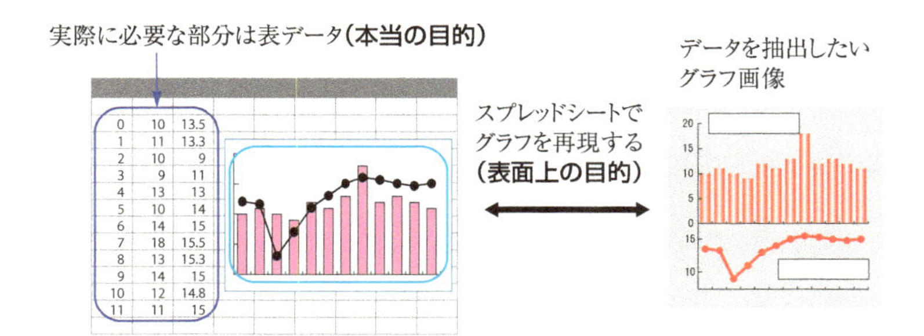


**図 4.3** グラフデータの書き起こしのためのタスク設計．表面上の目的と本当の目的が異なるタスクとなっています．
［小山聡，馬場雪乃，大向一輝，堂腰裕明，鹿島久嗣．クラウドソーシングを用いたレガシーオープンデータの機械可読化．電子情報通信学会技術研究報告，SC，サービスコンピューティング，114(182)，1–6，2014，図 1 を参考に作成］

ワーカの作成した表を統合して品質管理を行うことが容易となります．つまり，このタスクで実際に必要なのは，再現されたグラフそのものではなく，表データ（および表の構造）であり，reCAPTCHA などと同様に，表面上の目的（グラフを再現する）と真の目的（データ構造の取得）が異なる例となっています（**図 4.3**）．

データを計算機が利用しやすい形式に変換した後も，データには不整合や誤りが含まれている可能性があるため，解析を行う前にクレンジング作業によってデータを「きれい」にする必要がある場合があります．例えば，データに重複が含まれていると解析結果に影響がある場合には，データから重複を除去する必要があります．その場合には，同じ実世界の対象を指しているデータを特定する必要がありますが，その判定には実世界に関する背景知識が必要な場合があり，機械ですべてを自動的に行うことは困難です．また，人物に関するデータベースが二つあり，これらを統合して用いる場合，異なるデータベース中のレコードが同一の対象（この場合は人物）を指しているかを確認する必要があります．このようなデータベースの結合演算を行う際に，クラウドソーシングが対象の同一性判定に活用されています [66]．例えば**図 4.4** のタスクでは，二つの画像をワーカに提示し，同一人物の写真かどうかの判定を求めています．

**図 4.4**　対象の同一性判定のためのタスクの例．二つの画像をワーカに提示し，同一人物の写真かどうかの判定を求めています．
［A. Marcus, *et al.*. Human-powered Sorts and Joins. *PVLDB*, 5(1), 13–24, 2011, Figure1 を参考に作成］

また，データにはもともと備わっていなかった付加的な情報をクラウドソーシングで付与することも行われます．その代表的な例としては，次節で述べる教師あり学習のための訓練データの収集があります．クラウドソーシングで行われるデータの分類や注釈付けには，以下のようにデータ解析の目的に対応してさまざまな種類があり，それぞれに対して 3 章で説明した品質管理手法が提案されています．

- **二値分類（binary classification）**：データ要素を二つのクラスに分類する
- **多値分類（multiclass classification）**：データ要素を互いに重ならない三つ以上のクラスに分類する
- **マルチラベル分類（multilabel classification）**：データ要素を重なりのある複数のクラスに分類する [28]
- **回帰（regression）**：データ要素に 5 段階評価や数値を付与する [49]

- クラスタリング（**clustering**）：異なるデータ要素が同じクラスに属するか否かを判定する [34]
- ランキング（**ranking**）：データ要素に順序を付ける [19]

## 4.3 クラウドソーシングによる予測モデリング

### 4.3.1 クラウドソーシングデータからの学習

クラウドソーシングを用いて集められたデータや，それらに対する注釈は，その後にモデリングや可視化といった実際の分析に利用されます．典型的な用途の一つが，教師あり学習のための訓練データをクラウドソーシングによって収集するというものです．教師あり学習とは，与えられた入力データに対して適切な出力を行う予測モデルをデータから推定するという機械学習の枠組みであり，その用途はさまざまです．例えばウェブページのトピック分類や情報抽出といった自然言語処理，画像検索のためのタグ付けや物体認識といった画像処理などに用いられます．教師あり学習を適用するためには，それぞれの入力データとそれに対する正しい出力を組とした訓練データが大量に必要になるため，適用先によってはこれらがあらかじめ得られていない場合もしばしば起こり得ます．そこで，クラウドソーシングを用いれば，この訓練データを大量に収集することが可能となります．例えばウェブページのトピック分類を考えたとき，ウェブページを人間が読むことによってそのトピックを判定することは比較的容易であるため，クラウドソーシングによるデータ収集がきわめて有効に働きます．

通常の教師あり学習では，訓練データを利用して入出力の関係を推定し，そして，推定された関係を用いて将来与えられる入力に対して正しい判断を行うことを目的とします．入力を表すベクトルを $\mathbf{x}_i$，これに対してとるべき正しい出力を $y_i$ として，このような入出力の組 $N$ 個からなる訓練データ集合 $\{(\mathbf{x}_i, y_i)\}_{i=1,2,\ldots,N}$ が与えられるとします．通常，入力 $\mathbf{x}_i$ は多次元の実数値ベクトルを考えます．一方で出力 $y_i$ は1次元であり，例えばYesかNoといった二値分類を行いたいのであれば $y_i$ は0か1の値をとる（$y_i \in \{0,1\}$）としたり，あるいはトピック分類などのように多値分類を行いたいのであれば $y_i$ は（クラス数を $C$ として）1から $C$ の間の整数をとる（$y^{(i)} \in \{1,2,\ldots,C\}$）とします．また，需要予測のような実数値での予測を行いたいのであれば $y^{(i)}$ は 1 次元の（正の）実数とします．

入出力の関係として用いられるモデルとしては，例えば二値分類の場合にはロジスティック回帰モデルがあります．ロジスティック回帰モデルは，入力のベクトルを $\boldsymbol{x}$，モデルパラメータを $\boldsymbol{w}$ として

$$f(\boldsymbol{x};\boldsymbol{w}) = \frac{1}{1+\exp(-\boldsymbol{w}^\top \boldsymbol{x})} \tag{4.1}$$

の形をもち，二値の出力 $y$ が 1 となる確率が $f(\boldsymbol{x})$ で与えられます．実際の学習の手続きとしては，訓練データの入力それぞれに対して，とるべき出力がおおむね復元されるようにモデルのパラメータ $\boldsymbol{w}$ を調整します．その方式としては，最尤推定やベイズ推定などがありますが，例えば最尤推定ではすべての $i = 1, 2, \ldots, N$ に対し，入力 $\boldsymbol{x}_i$ に対して出力 $y_i$ を与える確率を考え，以下のように，確率の対数をとったものの和（すなわち確率の積）が大きくなるようにモデルパラメータ $\boldsymbol{w} = \boldsymbol{w}^*$ が決定されます．

$$\boldsymbol{w}^* = \arg\max_{\boldsymbol{w}} \sum_{i=1}^{N} \{y_i \log f(\boldsymbol{x};\boldsymbol{w}) + (1-y_i) \log (1 - f(\boldsymbol{x};\boldsymbol{w}))\}$$

ところで，クラウドソーシングで訓練データを収集した場合でも，同様にモデルを推定することが可能ですが，先にも述べたようにクラウドソーシングによって収集されたデータは品質がばらつくため，単純にすべてを信頼して学習を行うことは危険です．3 章で述べたように，同じ入力に対するラベル付けを複数のワーカに依頼する冗長化によって，データラベルの信頼性を高めることができます [91]．ラベルの品質はワーカに依存すると考えることで，3 章で紹介した統計モデルを使った品質管理を用いて，さらに精度の向上が望めます．しかし，教師あり学習における本来の目的は，将来訪れるであろう入力に対して正しい出力を行うような予測モデルを得ることであり，訓練データの各々の入力に対する正しい答えを得ることではありません．そこで，クラウドソーシングで収集された訓練データから，（正解となる出力を品質管理手法によっていったん推定するというステップを踏むことなく）モデルを直接推定する方法が提案されています．

例えば，前述のロジスティック回帰モデルを，3.4.1 項で紹介した潜在クラスモデルと組み合わせたモデルを紹介します．このモデルでは，ロジス

ティック回帰モデルが 1 を予測する（すなわち正しいラベルが 1 である）ときに，ワーカ $j$ がこれを誤って 0 と回答してしまう確率を $\alpha_1^{(j)}$，一方，ロジスティック回帰モデルが 0 を予測するときに，ワーカ $j$ がこれを誤って 1 と回答してしまう確率を $\alpha_0^{(j)}$ として，ワーカによるラベル付けの正確さの差を考慮します [81,82]．パラメータは潜在クラスモデルと同様に EM 法によって推定することができます．このように予測モデルを直接推定するアプローチでは，原理的には，同一の入力データに対して必ずしも複数のワーカがラベルを付ける必要がないため（類似した入力データに対してラベルが与えられていればよいため），学習の効率がよいという利点があります．

上記とは別のモデリングのアプローチとして，真のラベルを予測するロジスティック回帰モデルに加え，個々のワーカもそれぞれのロジスティック回帰モデルをもち，これを用いてラベル付与を行うとするものも提案されています [45]．この定式化では，パラメータ $\boldsymbol{w}$ をもつ真の予測モデルと，パラメータ $\boldsymbol{w}^{(j)}$ をもつワーカ $j$ のモデルの関係付けとして，その差分（すなわち各ワーカの個性を表す部分）$\boldsymbol{v}^{(j)}$ を考えて，

$$\boldsymbol{w}^{(j)} = \boldsymbol{w} + \boldsymbol{v}^{(j)}$$

としています．これはちょうどマルチタスク学習と呼ばれる，複数の関連した学習問題を同時に解くような状況に対するモデル [30] と同様の構造をもっています *2．潜在クラスモデルに基づく前述のモデル群と比較して，この定式化では潜在変数としての真のラベルの推定が問題に含まれず，個々のワーカの与えたラベルのみを用いてモデル推定を行うため，問題を凸最適化問題として定式化することができます．そのため最適化アルゴリズムが局所解に陥ることがなく，結果として頑健なモデル推定を行うことができるのが特徴です．

### 4.3.2 クラウドソーシングによる特徴抽出

訓練データの収集だけではなく，教師あり学習で用いるベクトル形式で画像や文章などの入力を表現するための，特徴抽出の手続きにおいてもクラウドソーシングが利用されています [16]．教師あり学習により予測精度の高い

---

*2 マルチタスク学習のモデルでは全学習問題の共通部分が $\boldsymbol{w}$ として，個々の学習問題の個性にあたる部分が $\boldsymbol{v}^{(j)}$ として表現されています．

モデルを獲得するためには，特徴抽出がカギとなります．画像の画素値や単語の出現回数などの計算機で容易に抽出可能な特徴の他に，人間の認識能力によって初めて得られる特徴もあり，これらを用いることにより予測精度の向上が期待できます．例えば，野鳥の画像を「クロアシアホウドリ」や「キヅタアメリカムシクイ」などの詳細な種類で分類することを考えてみます．このような詳細な分類は一般のワーカには困難であり，クラウドソーシングで訓練データを作成するのは簡単ではありません．そこで，ワーカに画像のラベルを回答してもらう代わりに，「腹が白いか？」「目が白いか？」「くちばしが円錐形か？」などのより簡単な（しかしコンピュータには必ずしも簡単ではないような）質問に答えてもらい，その回答を画像の特徴として利用することが提案されています．一般的な画像特徴量にワーカが作成した特徴を追加すると，画像分類の精度が大幅に向上することが報告されています．

特徴抽出のための質問を事前に用意するのではなく，質問自体もクラウドソーシングで作成する方法も提案されています[20]．Flock と呼ばれるこのシステムでは，ワーカに正例と負例を一つずつ見せ，二つがどの点で異なるのかを文章で記述させます．得られた複数の文章をクラウドソーシングを用いて統合・整理して質問を作成します．そして各入力データについて，作成した質問に回答するようワーカに依頼し，特徴を作成します．決定木による予測モデルを学習する際に，予測精度が低い領域については特徴追加をクラウドソーシングに依頼するなど，クラウドソーシングを逐次的に活用する機能も Flock では実装されています．

### 4.3.3 データ解析コンペティションによる予測モデリング

ここまでは，予測モデリングのためのデータ収集や特徴抽出にクラウドソーシングを利用する方法を紹介してきましたが，予測モデリング自体をクラウドソーシングで実施することも考えられます．予測モデリングは機械学習などを用いた自動化が効果を発揮するところであり，大規模化・高精度化を目指したさまざまなアルゴリズムが日々開発されています．しかし，実はそのような自動化の進むモデリング部分もまた労働集約的な一面をもっています．実際のデータモデリングにおいては現代的で洗練された解析アルゴリズムが常に最高の性能を達成するかというと必ずしもそうではありません．しばしば結果を大きく左右するのは「枯れた」既存の手法の選択と，特徴量の設計や正規化，データ選択などのデータ固有のヒューリスティクスの組み合わせであることは実際のデータ解析に携わったことのある人ならば経験したことがあるでしょう．このことは，いわゆる**ノーフリーランチ定理**（**no free lunch theorem**）と呼ばれる「どんな場合にも必ずうまくいく方法は存在しない」ことを示した定理によっても支持されます．したがって，実際のモデリングにおいてはデータに合ったモデルを人手によって広範囲に探索する必要があるということになり，ここでもクラウドソーシングの考え方が効果を発揮するであろうことは容易に想像できます．

データモデリングを目的としたクラウドソーシングの最も典型的な実現方法が**データ解析コンペティション**と呼ばれるものです．データマイニング分野の主要国際会議である ACM SIGKDD Conference on Knowledge Discovery and Data Mining（KDD）に併設された KDD カップ [*3] に代表されるデータ解析コンペティションでは，参加者が同じデータを利用してそれぞれモデリングを行い，予測精度を競い合います（**図 4.5**）．こういったイベントはもともとある種の腕試しや，あるいはさまざまなアルゴリズムのベンチマークテストといった意味合いで開催されてきたものです．最近の深層学習への注目も，いくつかのコンペティションで深層学習によるアプローチが素晴らしい成績を収めたことがきっかけでした．

コンペティションの中には勝者に対して賞金が支払われるものもありますが，最近ではこのような賞金付きのコンペティションを組織的に開催する，いわば「データサイエンティストのクラウドソーシング」とでもいうべきサービスが出現しています．中でも最もよく知られたものが **Kaggle** です．Kaggle は，これまでに 100 を超えるコンペティションを開催し，登録者数は 10 万人を超える世界最大のデータ解析クラウドソーシングサービスです（**図 4.6**）．

Kaggle における多くのコンペティションの主催者は企業です．企業は自社が所有するデータを参加者に対して提供し，予測問題の解決を依頼します．例えば，米国の保険会社 Allstate は交通事故データを提供し，事故車の情報から保険請求額を予測するコンペティションを開催しました．また，ドイツの製薬会社 Merck は，創薬プロセスにおいて重要となる化合物の活性予測の

---

*3 http://kdd.org/kdd-cup

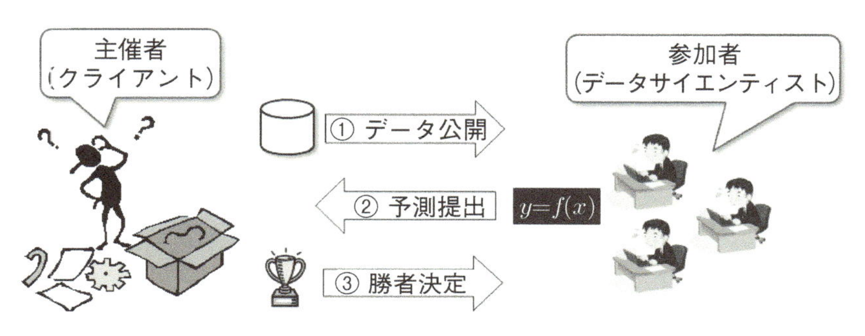


**図 4.5**　データ解析コンペティションのプロセス図．公開されたデータに対して複数の参加者（データサイエンティスト）が予測を提出し，その予測精度によって勝者が決定されます．

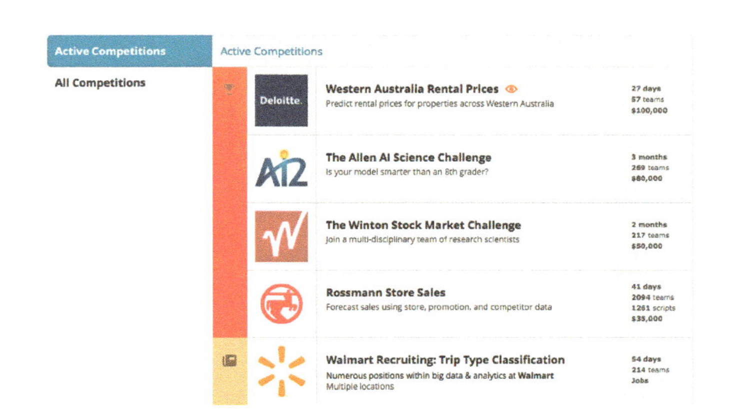


**図 4.6**　Kaggle のコンペティション一覧画面．常時複数のコンペティションが開催されています．［Copyright by Kaggle (2016)］

コンペティションを開催しましたし，米 General Electric 社は，空港へのフライト到着時刻を予測するコンペティションを開催しました．データ解析コンペティションの利用は，企業にとっては，社外のデータサイエンティストリソースを活用できるという利点があります．また，コンペティションに参加するデータサイエンティストにとっては，さまざまな分野における実データを用いて解析の腕試しができるという利点があります．Kaggle は，企業とデータサイエンティストの互いのニーズを上手くマッチングさせたプラットフォームだといえます．実際，Merckのコンペティションの場合には，60日間の開催期間で250人を超える参加者を集めることに成功しました．また，優勝モデルはベンチマーク手法の予測精度を17%も改善するという驚くべき成果を挙げました．General Electric社のコンペティションでは，優勝モデルはゲートでの待機時間を5分間短縮するという効果を挙げました．これは中規模の航空会社であれば，年間600万米ドルのコスト削減につながるそうです．

データ解析コンペティション参加者には，正解付きのモデリング用データと予測対象の評価用データが提供されます．参加者はモデリング用データセットを用いて予測モデルを構築し，評価用データに対する予測結果を提出します．主催者側は，評価用データに対する（非公開の）正解と照らし合わせて予測結果のスコアを算出し，その結果をリーダーボードに提示します．リーダーボードからのフィードバックを参考にして，参加者は予測モデルを改善し，コンペティション終了まで結果提出を繰り返します．多くのコンペティションでは，決められた回数以内であれば，一日に何度でも結果を提出することができます．また，Kaggleでは，リーダーボードに掲載されるスコアは，評価用データの一部を用いて算出されたものであり，最終的な勝者は残りのデータから算出したスコアで決まります．したがって，リーダーボードと最終結果では順位が入れ替わることも有り得ます．賞金付きのコンペティションでは，最終結果によって決まった勝者には賞金が支払われます．非常に高額の賞金が支払われることもあり，賞金総額が100万米ドルを超えるコンペティションも存在します．

一般的なクラウドソーシングと同様に，データ解析コンペティションを安定的にデータサイエンティストの参加を見込める場にするためには，適切な動機付けが必要です．Kaggleではさまざまな工夫が行われています．その一つが，ユーザランキングです．コンペティションに参加するたび，その成績に応じて参加者にはポイントが割り当てられ，ポイントによってユーザランキングが決まります．ランキングは公開されており，データサイエンティスト市場に対して自分の能力をアピールする絶好の機会となっています．Kaggleの1位経験者を雇用していることを自社のプロモーションに利用する企業も存在します．似たような仕組みに「マスター」の認定があります．いくつかのコンペティションで上位の成績を修めた参加者はマスターとして認定されます．機密性の高いデータを扱うコンペティションなど，マスター認定された人だけが招待されるコンペティションも開催され，認定制度も参加者のモチベーション向上につながっています．

データサイエンティスト人口の拡大と，その能力の引き上げにも Kaggle は貢献しています．例えば予測モデリングの初心者に対する支援として，賞金なしのチュートリアルコンペティションが開催されています．このコンペティションでは，Python や R などいくつかのプログラミング言語を用いた予測モデルの構築方法の説明が提供されており，初心者が実データを用いてデータ解析手法を学習する際のよい教材となっています．通常のコンペティションにおいても，参加者同士の情報交換の場としてフォーラムが設置されています．データに関する質問や，関連する論文の紹介，特徴量や手法に関する議論などが活発に行われており，貴重な学習ソースになっています．また，Kaggle ではチームでコンペティションに参加することもでき，仲間集めの場としてもフォーラムが用いられています．

さらに，教育現場でのデータ解析コンペティション開催を支援するために **Kaggle in Class** というツールも提供されています．Kaggle in Class を用いると，Kaggle のプラットフォームを用いてコンペティションを自由に開催することができ，評価やリーダーボード，フォーラムなどのプラットフォームが提供する機能をそのまま用いることができます．Kaggle in Class は教育機関に対して無償提供されており，予測モデリングの実践的な学習を支援しています．

より教育目的に特化したデータ解析コンペティションのプラットフォームとして，筆者らが運営する**ビッグデータ大学**[*4] があります（図 **4.7**）．Kaggle と異なりビッグデータ大学では，ほとんどのコンペティションでは賞金が設定されていません．コンペティションへの参加を通じたデータ解析の実践演習の場として設計されており，講義などでの利用も積極的に進められています．初学者でも参加しやすいように多くのコンペティションでチュートリアルが提供され，また，学習用教材として入賞者からのレポートも公開されています．

また，予測モデリングにおけるクラウドソーシングの有効性に関して，あ

*4 http://universityofbigdata.net

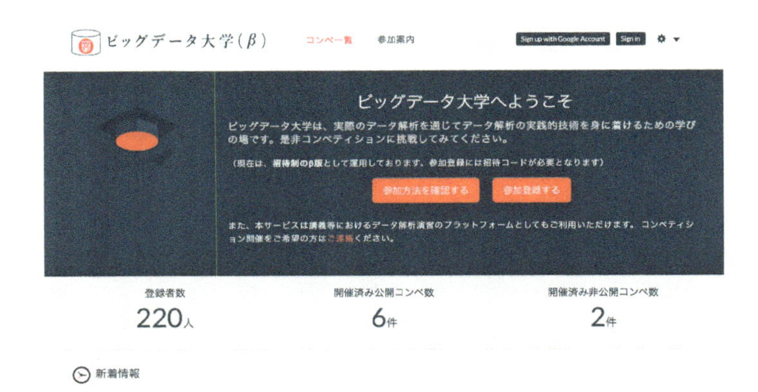


**図 4.7** ビッグデータ大学のトップページ．教育目的に特化したデータ解析コンペティションのプラットフォームです．

る実験が行われています [7]．この実験は，データ解析コンペティションの国内プラットフォームである CrowdSolving 上で実施されました．実験のために，Wikipedia の記事間リンク予測を題材にしたコンペティションが開催され，16 名から 134 件の予測結果を収集しました．この実験時点での最先端のリンク予測手法では，予測精度を表す指標である AUC (Area Under the ROC Curve) は 0.72 程度でしたが，この結果は開始 4 日目ほどで参加者の一人によって抜き去られ，さらに数日後には別の参加者によって AUC 0.90 付近にまで改善されるという結果が報告されています．最終的には AUC 0.95 程度まで上昇しましたが，これほどの予測精度の向上は単一のアプローチの改善では困難であり，さまざまなモデルを広範囲に探索できるクラウドソーシングのメリットが顕著に表れている結果だといえます．上位入賞者の用いた手法はそれほど高度な機械学習の手法を使っていたというわけではなく，既存の手法とリンク指標などの特徴抽出のヒューリスティックスが今回のデータの性質と上手くはまった結果として，高い予測精度がもたらされたことも興味深いです．

さらに，この実験では，複数の予測結果を機械学習手法により統合する試みも報告されています．各日までに提出された予測結果の重みをロジスティック回帰により学習し統合することで，わずか開始 5 日目で AUC 0.93 という高い予測精度を達成することができました．最終日には AUC 0.98 に到達し，個別のモデルの最高スコアである AUC 0.95 を上回りました．クラウドソーシングと機械学習の組み合わせによって得られたこの結果は，データ解析におけるヒューマンコンピュテーションの可能性を示しているといえるでしょう．

現在，教科書やソフトウェア，あるいは MOOCs と呼ばれる大規模公開オンライン講座などによって，また，データ解析コンペティションという実践演習の場の登場によって，機械学習をはじめとするデータ解析技術は相当なレベルまでの自習が容易になってきています．このようなデータ解析技術のコモディティ化と，ビッグデータやデータサイエンティストへの注目の高まりが，リソースとしてのデータサイエンティストの増加を後押しすることで，予測モデリングにおけるクラウドソーシングの活用は今後一層拡大していくと考えられます．

## 4.4 クラウドソーシングによる探索型データ解析

予測モデリングとは別の種類のデータ解析方法に，**探索型データ解析**（**exploratory data analysis**）があります．探索型データ解析は，可視化・集計などを通じてデータの中身を丹念に調べ上げ，データから知見を導く作業です．実際のデータ解析において，必ずしも予測モデリングだけで解析の目的を達成できるとは限らず，探索型データ解析が適している場面もあります．また，予測モデリングの適用可能性を検討する際にも，探索型データ解析は威力を発揮します．

探索型データ解析の効率化のため，また，多様な観点で解析を実施するために，クラウドソーシングに期待が集まっています．複数人で協力して解析を行うためのプラットフォームはいくつか提案されており，代表例に IBM が開発した **Many Eyes** がありました [99]（図 **4.8**）．Many Eyes は強力な可視化ツールと可視化結果をインターネット上で公開する機能を提供します．また，可視化を通じてデータに関する議論を進めるためのフォーラム機能も有していました *5．

*5　Many Eyes は，現在はサービスを終了しています．

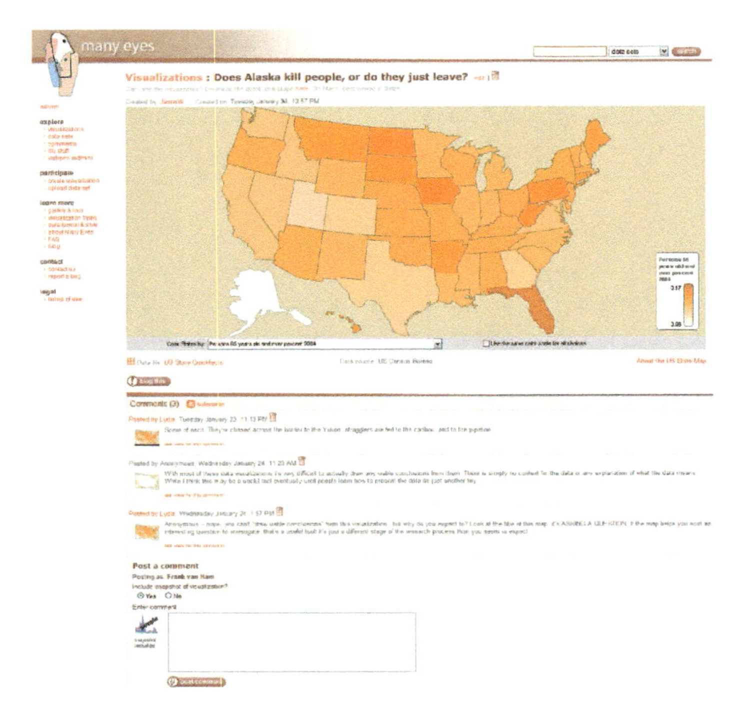


**図 4.8** Many Eyes のインターフェース．データ可視化ツールやディスカッションフォーラムが提供されています．この例では，米国各州における高齢者の割合の可視化結果について，3人のユーザが議論しています．
［copyright (2007) IEEE. Reprinted, with permission, from F. B. Viegas, *et al.*, Manyeyes: a site for visualization at internet scale, *IEEE Transactions on Visualization and Computer Graphics*, Vol. 13, No. 6, 2007, Figure 4.］

データ解析コンペティションプラットフォームの Kaggle も，探索型データ解析に取り組み始めています．Kaggle では，コンペティションのデータセットに対して Python や R などのコードを実行し，出力結果を共有する機能として **Kaggle Scripts** が提供されています（**図 4.9**）．参加者は Kaggle Scripts を利用して，コンペティションデータに対するさまざまな可視化結果を作成し，簡単に公開できるようになりました． さらに Kaggle Scripts の使用を前提にした，探索型データ解析のコンペティションも開催され始め

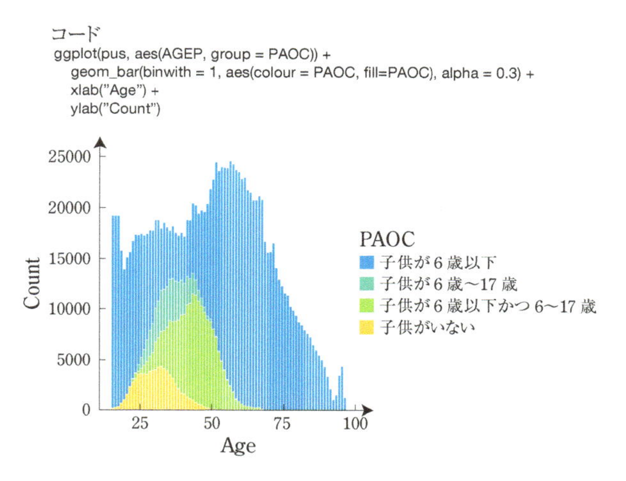


**図 4.9** Kaggle Scripts を用いた解析例．可視化結果や再現用のコードが共有されています．この例では，米国の人口統計データから，子供の年齢階級ごとの母親の年齢分布を描画するコードと描画結果が提供されています．
[https://www.kaggle.com/huili0140/d/census/2013-american-community-survey/the-working-moms を参考に作成]

ています．例えば，米国の人口統計データを用いた探索型データ解析コンペティションでは，優れた Scripts を投稿したユーザに賞品が与えられます．入賞者は，Kaggle スタッフによる選考の他，他のユーザからの投票やコメントの数などでも決定されます．

クラウドソーシングをよりシステマティックに活用して探索型データ解析を行うためのワークフローも提案されています [110]．このワークフローでは，最初にデータ解析の専門家が，与えられたデータからいくつかのグラフを作成し追加調査が必要なグラフを選択します．次にクラウドソーシングを用いて，グラフの解釈タスクを依頼します．解釈タスクではワーカに対して，グラフを読み取り，グラフで表現されている事象が起こった理由を記述するように依頼します．例えば，「米国では 1930 年に女優の数が増えている」という事象に対して，「ハリウッドの黄金期だったため」というような理由を提出するよう依頼します．ワーカがグラフの細部まで見て作業を行うように，グラフラベルや値の読み取り，グラフのピークの選択といった補助作業をワーカに依頼するという工夫がなされています．また，客観的事実に基づいた理由付けを促すために，理由の根拠となるウェブページを提示するよう求めています．

さらに，獲得した理由の評価もクラウドソーシングで依頼し，専門家が労力を掛けなくても優れた理由を選択できるようなワークフローが提案されています．このワークフローでは，データ解析の専門家がまずグラフを選択し，解釈の手助けをクラウドソーシングワーカが担当していました．一方で，専門家による前処理なしに，すべてをクラウドソーシングで実行する方法も考えられます．筆者らは試験的に，グラフの作成とその解釈の両方をクラウドソーシングで依頼する実験を行いました．この実験では，まず政府統計データをワーカに提示し，データから仮説を導き，仮説を支持するグラフを作成するよう依頼しました．次に，別のクラウドソーシングワーカに，各仮説が支持グラフから読み取れるか評価するように依頼しました．その結果，ワーカが作成した仮説のうち 8 割ほどはグラフから正しく導かれるものであり，また評価タスクを導入することで，正しい仮説を高い精度で検出できることが確認できました．また，同じデータに対して複数人に仮説生成を依頼しましたが，ほとんどの仮説で内容の重複は見られませんでした．この結果から，ワーカが多様な観点でデータを分析していることがわかります．データをさまざまな視点で眺める必要がある探索型データ解析における，クラウドソーシングの有効性が示唆されています．

Chapter 5

# 今後の展望

これまでの章から，計算機には困難な課題に対する解決方法として，ヒューマンコンピュテーションとクラウドソーシングの組み合わせがきわめて有望な選択肢となることがわかったと思います．しかし，これらが今後一層の発展を遂げ，社会に受け入れられるために解決すべき課題はまだ多く，それらのすべてが技術的に解決できるものであるとは限りません．本章では，本書を締めくくるにあたり，ヒューマンコンピュテーションとクラウドソーシングの課題と将来展望について説明します．

## 5.1 ヒューマンコンピュテーションとクラウドソーシングの課題

### 5.1.1 高度な専門性を要するヒューマンコンピュテーション

現在のヒューマンコンピュテーションの多くは，その目標が専門家の能力を上回るようなものであっても，それを集団で実現するワーカのそれぞれが必ずしも専門知識や高いスキルを有していることは想定していません．一方で，専門知識や高いスキルがなければ，どうにもならないような課題もあります．

現在では，マイクロタスク型のクラウドソーシングでは比較的容易なタスクが取引されており，より高度なタスクの実行にはコンペティション型やプロジェクト型の方式を用いるのが主流です．しかし，マイクロタスク型においても高度な専門性を必要とするものが少なからずあります．例えば「モルジェロン病の症状はなにか？」という専門的な医療知識を必要とする問いの回答を得たいとすると，現在のプラットフォームにおいてはこの問いに正しく回答できるワーカはそれほど多くないでしょう．この課題に対する一つの解決策は，ある種の技能に特化したマイクロタスク用クラウドソーシングプラットフォームを作ることです．例えば，実際にいくつか稼働している翻訳に特化したクラウドソーシングサービスや，企業内やグループ内に閉じた形で行われているクラウドソーシングは，特定の技能や知識に限定したワーカ集団を囲い込んだものだといえるでしょう．これは必要となる専門性があらかじめわかっており，今後も継続的にそれらを必要とする場合には有効ですが，そうでない場合にはきわめて不効率となります．

一方で，汎用のクラウドソーシングプラットフォームにおいても，所望のレベルの技能や知識をもったワーカは存在はしているはずですが，通常は彼らは大勢の一般ワーカに埋もれており，その特定は自明ではありません．したがって，彼らをいかにして当該タスクに引き寄せるか，あるいは特定するかが大きな課題となります．2章で触れた予測市場は，答えに近いワーカを引き寄せることのできる，まさにこの目的に適ったメカニズムの一つであるといえるでしょう．他にも面白い試みとして，検索エンジンの検索連動型広告を利用したものがあります [40]．例えば先の専門的な医療知識を必要とする問いに際し，検索エンジンで特定の医療系のキーワードで検索した人に対して，検索連動型広告としてこのタスクへ誘導する広告を提示します．専門性の高い特定のキーワードを用いて検索を行う人は一定の医療知識をもっていることであると想定できるため，大勢の検索エンジン利用者の中から彼らを見つけることが可能になります．さらに，このような専門スキルをもったワーカは信頼度の高い回答を期待できるだけでなく，平均的なワーカよりも多くのタスクを実行してくれるということもわかっています．よりその人に合った，その人にしかできないタスクを依頼することは，タスクのやりがいやワーカの貢献度をより高め，ひいては信頼関係の構築につながると期待できるでしょう．

より積極的に高スキルワーカを発見するためには，ワーカの属性情報が有用である場合も多いでしょう．例えば前述のような医療知識を問う問題であれば，現在医療関連の職業についているワーカや，医療関連の教育を受けたワーカに問うのがよさそうです．過去のタスク実績データを分析することでタスクの実行精度とワーカの属性の関係を見つけることによって，より高い精度のワーカを発見できることが示されています[58]．また，クラウドソーシングでは，必ずしも特定のワーカが所望のタイミングでプラットフォーム上に滞在していることは期待できないため，個々のワーカの能力を直接推定するのではなく，能力と属性との関係性を見つけることによって，ワーカ単位でなく，属性に対する条件としてワーカを募集できるため，ヒューマンコンピュテーションのスループット*1向上も期待できます．

多くの人々の中から優秀な人材を発見するのではなく，高い専門性をもった人材を育成するという観点も重要です．いくつかのクラウドソーシングサービスでは，外部のテスト業者と連携して，ワーカのスキルを認定する仕組みを提供しています．このようなテスト問題の作成自身をクラウドソーシングを用いて行うことも検討されており，その評価に項目反応理論が用いられています[21]．問題の識別能力を継続的にモニタリングすることで，問題の正解がインターネット上に流通して次第にテスト問題として適さなくなるのを防ぐという工夫を行っています．3章で触れたMOOCsなどのオンライン教育プラットフォームにおいても，いかにしてワーカに労働市場で通用するスキルを身に付ける手助けを行うかということが課題となっています．例えば，テストの問題の識別力を評価する際に，その問題を解いたワーカの実際の労働市場での評価（時給など）を基準に用いるということが検討されています[21]．クラウドソーシングとMOOCsなどのオンライン教育は互いに相補的な関係にあり，ワーカ（受験者）やタスク（問題）の能力や品質を評価する技術などを接点として，今後一層関連性が増していくでしょう[106]．

### 5.1.2 ワーカ間の協力とプラットフォームの組織化

現在のクラウドソーシングプラットフォームでは，ワーカが互いに独立に仕事を行うタイプのものがほとんどです．2章で，さまざまなタイプのワークフローを紹介しましたが，その構成要素となるタスクは各々のワーカの独立作業を前提としたものでした．しかし，集合知の神髄は複数の人間の相互作用の中から生まれるものであり，今後は複数のワーカの協力を可能にするプラットフォームやそれを促す仕組みが必要になってくるでしょう．クラウ

---

*1 単位時間に処理できるタスク数．

ドソーシング市場の中には，チームとして仕事を受注できるものもありますが，この場合，チーム内メンバはある程度互いを認識して協力体制が整っていることを前提としています．仕事を独立に行う形態と，チームで行う形態との中間に位置付けられるような，不特定多数の人々が状況に応じてその場限りの協力体制を作って仕事を進める形態はクラウドソーシングの考え方に適合するものであり，より高いパフォーマンスを発揮する可能性があるでしょう．例えば，それぞれの仕事を達成するための最適なメンバを集め，動的にチーム編成をサポートする仕組みの実現も検討されており，仕事を達成するために必要なスキルの集合と，ワーカそれぞれのもつスキルの情報が与えられたときに，スキル条件を満たすようなチームを編成する最適化問題を解くことでこれを行います [3]．さらに，個々のワーカがマイクロタスクに近いレベルで貢献しつつ，より柔軟に協力を実現できるような形式としては，ある種の電子掲示板システム（BBS）やグループウェアのようなものが利用できるでしょう．現在 Kaggle で試行されている探索型データ解析はその一例といえますが，このような形式ではどのような報酬分配が妥当であるかは，まだ明らかではありません．

単一の仕事を行うためのチームを超えた，より大きな単位でワーカの集合を捉えたとき，これをどのように組織化するかも重要な課題です．従来の会社組織ではその基本的な構造として階層構造がしばしば用いられますが，同様の構造化はクラウドソーシングワーカによる組織を考える際にも有効であると考えられます *2．階層化によって役割分担を行い，指示系統を明確化することで，より大きな目標を効率的に達成できるようになると期待できます．実際に，一部のクラウドソーシングプラットフォームでは，優秀なワーカに対してリーダー権限を与えることで，管理職的な役割をもたせているものもあります．このような組織構造は一般の会社組織とは異なり，ある仕事においてはあるワーカが末端のタスクを実行する場合もあれば，同じワーカが別の仕事においてはリーダーとなるといったように，目的に応じて動的に形を変えることが可能になります．一方で，現在の多くのクラウドソーシングプラットフォームのように，タスク実行における明確な上司が（依頼者の他に）存在していないということを好ましく思っているワーカも少なからず存在し

*2 計算機もその構造の要素として含まれ得ることに注意する必要があります．

ているはずであり，このような組織化が常に好ましいものであるかは議論の余地があるでしょう．

### 5.1.3 クラウドソーシングの労働環境改善

クラウドソーシング市場では，ワーカは地理的・時間的な制約にとらわれず働くことができ，雇用者は必要なスキルをもった人を必要に応じて確保できるという，ワーカと雇用者の両方の側においてメリットがあります．しかし，現実社会の多くの雇用関係においてそうであるように，どうしても雇用者（あるいは，ヒューマンコンピュテーションのアルゴリズム）側の立場が高くなるため，ワーカを不当に安い値段で酷使する方向に向かっていくことが懸念されます．実際，クラウドソーシング市場では立場の違いや経済格差による労働搾取が起こりうることが指摘されています [92]．このような問題はワーカが不利益を被るだけではなく，長期的には作業品質の低下など，雇用側にとってのデメリットをも引き起こすことにつながるでしょう．「将来，自分の子供達をクラウドソーシング・ワーカとして働かせたいだろうか？」という問いは，この問題に対する一つのベンチマークといえます．

以上のような問題は技術だけで解決できるものではありませんが，適切な相互評価の仕組みの導入，プラットフォームをまたいだ実績記録やスキル情報管理などによるキャリアアップの仕組み，適切なフィードバックの提供や支払い方式の工夫によるモチベーションの維持などによって改善できる可能性は大いにあるでしょう [50]．あるいは 1 章で紹介したシチズン・サイエンスのように科学や医学の発展への寄与や環境問題への取り組みなど，社会的に意義のある公共的な目的に結び付けることができれば，ワーカのより積極的な協力を得ることも期待できるでしょう．

プラットフォームの持続性を保つためには，依頼者やワーカの評価システムが重要となります．企業内で行われるような固定された評価システムではなく，依頼者やワーカの組み合わせが動的に変わるクラウドソーシングにおいて，どのような評価システムが適切であるかは，まだ明らかになっていません．

依頼者やワーカの相互評価システムは多くのプラットフォームで採用されており，タスクごとに，例えば 5 段階評価での評点を相互に付けられるような仕組みになっています．しかし，明らかにひどい場合を除いては，高い点数をつけることが多く見受けられ，実質的には「悪い」「問題ない」の 2 通りとなってしまっているというのが実際のところです．その一因としては，両者が今後も仕事の受発注の関係になる可能性があることから，悪い評点をつけにくいということが挙げられます．より匿名性の高い，あるいは場合によっては第三者による評価を行うことで，きめの細かい，正しい評価が行われるようにしていくことが，ひいては依頼者とワーカが相互に誠実に振る舞うよう動機付けることにつながるかもしれません．一方で，評価情報の重要性が高まっていくにつれ，これを不当に操作するという，すなわち依頼者とワーカ，もしくはワーカ同士が結託することによって，評価を不当に高めたり貶めたりするインセンティブが生じるといった危険もあります．2 章で紹介したメカニズムデザインのような考え方によって，そのような戦略的な操作を無効化する評価の仕組みが求められます．さらに長期的には，さまざまな仕事を通じた，ワーカのキャリアアップなどのサポートも必要になってくるでしょう．現在では，異なるプラットフォーム間での情報共有はほとんどされていませんが，高スキルワーカ獲得のためのプラットフォームを横断した検索や，評価情報の共有と一貫性の確保ならびにその信頼度向上（とそれとトレードオフの関係にある匿名性の確保）は，これらを実現していくためのカギとなるでしょう．

ところで，クラウドソーシング市場でやり取りされるのは必ずしも「善良」なタスクのみではありません．ウェブサービスアカウントの不正な取得や，個人情報の収集，ステルス・マーケティングへの協力など，中には社会的あるいは倫理的に好ましくないタスクもしばしば見受けられます．このようなタスクを排除するためには，システム管理者はタスクを常時監視して，不正なものを取り除く必要があります．その監視コストを軽減するための試みとして，ちょうど電子メールの迷惑メールフィルタのように，機械学習を用いてクラウドソーシング市場を自動監視し，不適切なタスクを取り除くというアプローチが提案されています [6]．このようにクラウドソーシング市場をより健全なものとしていくための努力の積み重ねが，新しい働き方としてのクラウドソーシングの地位を向上していくためには必要です．

### 5.1.4 セキュリティとプライバシ

ヒューマンコンピュテーションとクラウドソーシングにおけるセキュリ

ティとプライバシは，今後真剣に取り組んでいくべき大きな課題です[10]．クラウドソーシングによって多くの作業を実行するためには，不特定多数のワーカに対してタスク情報を公開することが不可欠になります．しかし，これにはタスク情報に含まれる機密情報あるいは個人情報が漏えいするリスクが伴うということは想像に難くありません．このようなリスクは企業や公共機関がクラウドソーシングの利用を躊躇する大きな原因となります．例えば会議の音声書き起こしを依頼する場合，その中には戦略上の重要な情報が含まれる可能性もあります．あるいは医療カルテの電子化を行う場合，当然ながらその中には重要な個人情報が含まれています．画像や動画の解析などにおいても，その時間にその場所にいたことを知られたくない人もいるかもしれません．

ヒューマンコンピュテーションにおけるセキュリティやプライバシを扱った研究は，まだそれほど多くありません．データマイニングの分野では，データに含まれる開示されてほしくない情報を隠したまま，データを開示・分析するための方法論として**プライバシ保護データマイニング**（**privacy-preserving datamining**）と呼ばれる技術が盛んに研究されています[1, 126]．プライバシ保護データマイニングでは，データにノイズを加えることによってもとのデータの特定を困難にしたり，暗号化を施したまま演算を行うことによってデータ解析者（この場合はデータ解析のアルゴリズム）が内容を閲覧できないようにするといった技術が用いられていますが，これらはヒューマンコンピュテーションにおけるセキュリティとプライバシを考えるうえでも参考になるでしょう．例えば，医療カルテの書き起こしタスクにおいて，カルテを小さく分割して別々のワーカに入力を依頼することによって，ワーカへの個人情報漏えいを防ぐという試みがあります[65]．同様に画像認識においても，画像を小領域に分割する方法[44]や，画像に雑音を加える方法[98]が提案されています．これらは大まかにいえばプライバシ保護データマイニングにおけるノイズ付加のアプローチの一種とも見ることができます．

暗号化に基づくアプローチもいくつか提案されています．3章では，冗長化を行い集めた成果物を統合することで，品質の高い成果物を得るという品質管理の枠組みを紹介しました．その際に各ワーカの（個人情報を含みうる）成果物と，統合の過程で推定されるワーカの能力値を本人以外には隠したままで，最終成果物のみを得ることのできるプロトコルが提案されています [43]．また（依頼者の情報や必要なスキル，報酬条件などの）タスクの情報と（個人情報やスキル情報などの）ワーカの情報を秘匿したまま，タスクとワーカのマッチングを行う方法も提案されています [128] 今後，上記にとどまらず，さまざまなタイプの情報を秘匿することで，一層のクラウドソーシング利用が促進されることが期待できます．

## 5.2 展望：人間と機械を超えて

ヒューマンコンピュテーションの根底にあるのは，コンピュータの力が及ばない領域に，人間の力を借りて補うことで踏み込むという考え方であり，コンピュータでの解決が困難な問題に対する現実解として大きな可能性をもっています．一方で，従来の人工知能の主流の考え方は，コンピュータ上に人間とは独立した知能を実現することであり，この立場からヒューマンコンピュテーションを見ると，ある種の逃避もしくは現実解のための妥協案であると見ることもできるでしょう．もちろん，この意見はある程度は正しいともいえますが，妥協案に過ぎないと言い切るのはやや早計です．ヒューマンコンピュテーションを考えるとき，その到達点は必ずしも一人の人間の能力ではありません．より高い目標として，人間の集団，そして人間の集団とコンピュータの共同体によって，さらなる高みに到達することを掲げることができるでしょう．この意味でヒューマンコンピュテーションは新しい人工知能研究を切り拓く可能性を秘めているといえます．

ボードゲームは人工知能の代表的なベンチマークであり，長年に渡って強いプログラムの開発に力がそそがれ，その結果著しい発展を遂げてきました．例えばチェスでは，1990 年代に IBM によって開発された「ディープ・ブルー」が当時の人間のチャンピオンであったカスパロフ氏に勝利して以降，コンピュータ勢の圧倒的優勢が続いている状況です．では，コンピュータチェスはもう廃れ，今では誰もプレイしないゲームになってしまったのかというと，そうではありません．現在では人間とコンピュータが自由にチームを組んで参加することのできるフリースタイルと呼ばれる競技が行われています．では，この競技で優勝したのはどのようなチームだったのでしょうか．チェスのプロ複数人によるチームでしょうか，それともコンピュータプログラムを携えた人間のプロでしょうか．驚くべきことに，ここで優勝したのは二人のアマチュアプレイヤと複数のコンピュータプログラムによって構成されたチームでした[122]．このアマチュアプレイヤ達は，コンピュータプログラムの性質に精通し，チームとしていかに振る舞うことが強さにつながるかを理解していました．彼らにプロとコンピュータの混成チームを上回る成績を出させた大きな要因は，両者を適切に組み合わせるプロセス，まさにヒューマンコンピュテーションアルゴリズムであったといえるでしょう．

同じような例は4章で述べたような，集団による予測モデリングにも見ることができます．多くの人間が個別に作成したモデルを，機械学習アルゴリズムで統合することによって，個別のどのモデルよりも予測精度の高いモデルを行うことができました．各々の人間による解析において，直感や洞察力といった能力をもつ人間と，膨大なデータからパターンを導き出す機械学習アルゴリズムの協力が行われているだけでなく，さらにこれらを統合する機械学習アルゴリズムという最適な組み合わせのプロセスが，全体としての性能を一層高めています．人間による特徴抽出と，機械学習によるその利用のワークフロー[16]も似たような例として捉えることができます．ここで挙げた少数の成功例を過度に一般化して語ることはできませんが，これらの例は今後の人工知能研究の大きな方向性と可能性を垣間見ることのできるものではないでしょうか．

より社会的な視点で見たときに，ヒューマンコンピュテーションは，我々人類が直面する政治や経済の問題，あるいは環境問題といったさまざまな重要課題に対して，人類とコンピュータが英知を結集し協力して有効な解決策の立案と実行を行うための下地となる可能性があります．多くの要因が複雑に絡み合った困難な問題の解決には，さまざまな見地からの検証や，多様な専門的技能，実行のための資源が必要であり，これらを発見し最適に組み合わせることで，相乗効果を引き起こし実施を行うための中核技術として，ヒューマンコンピュテーションが位置付けられるでしょう．そのためには本書で扱ったような，多様性の確保と意見の集約，ワークフローやインセンティブ設計と，最適化をはじめとするさまざまな技術と社会システムの一層の発展が必要となることでしょう．

# B i b l i o g r a p h y

## 参考文献

[1] Charu C. Aggarwal and Philip S. Yu eds.. *Privacy-Preserving Data Mining: Models and Algorithms.* Springer, 2008.

[2] Vamshi Ambati, Stephan Vogel, and Jaime G. Carbonell. Towards task recommendation in micro-task markets. In *Proceedings of the 3rd Human Computation Workshop (HCOMP)*, pp. 80–83, 2011.

[3] Aris Anagnostopoulos, Luca Becchetti, Carlos Castillo, Aristides Gionis, and Stefano Leonardi. Online team formation in social networks. In *Proceedings of the 21st International Conference on World Wide Web (WWW)*, pp. 839–848. ACM, 2012.

[4] Nikolay Archak and Arun Sundararajan. Optimal design of crowdsourcing contests. In *Proceedings of the International Conference on Information Systems (ICIS)*, 2009.

[5] Yukino Baba and Hisashi Kashima. Statistical quality estimation for general crowdsourcing tasks. In *Proceedings of the 19th ACM SIGKDD International Conference on Knowledge Discovery and Data Mining (KDD)*, pp. 554–562, 2013.

[6] Yukino Baba, Hisashi Kashima, Kei Kinoshita, Goushi Yamaguchi, and Yosuke Akiyoshi. Leveraging non-expert crowdsourcing workers for improper task detection in crowdsourcing marketplaces. *Expert Systems with Applications*, Vol. 41, No. 6, pp. 2678–2687, 2014.

[7] Yukino Baba, Nozomi Nori, Shigeru Saito, and Hisashi Kashima. Crowdsourced data analytics: a case study of a predictive modeling competition. In *Proceedings of the 2014 International Conference on Data Science and Advanced Analytics (DSAA)*, pp. 284–289, 2014.

[8] Paul N. Bennett, David Maxwell Chickering, and Anton Mityagin. Learning consensus opinion: mining data from a labeling game. In *Proceedings of the 18th International Conference on World Wide Web (WWW)*, pp. 121–130, 2009.

[9] Michael S. Bernstein, Joel Brandt, Robert C. Miller, and David R. Karger. Crowds in two seconds: enabling realtime crowd-powered interfaces. In *Proceedings of the 24th annual ACM symposium on User interface software and technology (UIST)*, pp. 33–42, 2011.

[10] Michael S. Bernstein, Ed H. Chi, Lydia B. Chilton, Björn Hartmann, Aniket Kittur, and Robert C. Miller. Crowdsourcing and human computation: systems, studies and platforms. In *Proceedings of CHI 2011 Workshop on Crowdsourcing and Human Computation*, pp. 53–56, 2011.

[11] Michael S. Bernstein, David R. Karger, Robert C. Miller, and Joel Brandt. Analytic methods for optimizing realtime crowdsourcing. *Proceedings of the Collective Intelligence Conference (CI)*, 2012.

[12] Michael S. Bernstein, Greg Little, Robert C. Miller, Björn Hartmann, Mark S. Ackerman, David R. Karger, David Crowell, and Katrina Panovich. Soylent: a word processor with a crowd inside. In *Proceedings of the 23rd Annual ACM Symposium on User Interface Software and Technology (UIST)*, pp. 313–322, 2010.

[13] Jeffrey P. Bigham, Chandrika Jayant, Hanjie Ji, Greg Little, Andrew Miller, Robert C. Miller, Robin Miller, Aubrey Tatarowicz, Brandyn White, Samual White, and Tom Yeh. Vizwiz: nearly real-time answers to visual questions. In *Proceedings of the 23rd annual ACM symposium on User interface software and technology (UIST)*, pp. 333–342, 2010.

[14] Rick Bonney, Jennifer L. Shirk, Tina B. Phillips, Andrea Wiggins, Heidi L. Ballard, Abraham J. Miller-Rushing, and Julia K. Parrish. Next steps for citizen science. *Science*, Vol. 343, No. 6178,

pp. 1436–1437, 2014.

[15] Ralph Allan Bradley and Milton E. Terry. Rank analysis of incomplete block designs: I. the method of paired comparisons. *Biometrika*, Vol. 39, pp. 324–345, 1952.

[16] Steve Branson, Catherine Wah, Florian Schroff, Boris Babenko, Peter Welinder, Pietro Perona, and Serge Belongie. Visual recognition with humans in the loop. In *Proceedings of the 11th European Conference on Computer Vision (ECCV)*, pp. 438–451, 2010.

[17] Jeffrey A. Burke, Deborah Estrin, Mark Hansen, Andrew Parker, Nithya Ramanathan, Sasank Reddy, and Mani B. Srivastava. Participatory sensing. In *Proceedings of the ACM Sensys Workshop on World Sensor Web (WSW)*, 2006.

[18] Wei Chen, Yajun Wang, Dongxiao Yu, and Li Zhang. Sybil-proof mechanisms in query incentive networks. In *Proceedings of the 14th ACM conference on Electronic commerce (EC)*, pp. 197–214. ACM, 2013.

[19] Xi Chen, Paul N. Bennett, Kevyn Collins-Thompson, and Eric Horvitz. Pairwise ranking aggregation in a crowdsourced setting. In *Proceedings of the 6th ACM International Conference on Web Search and Data Mining (WSDM)*, pp. 193–202, 2013.

[20] Justin Cheng and Michael S. Bernstein. Flock: hybrid crowd-machine learning classifiers. In *Proceedings of the 18th ACM Conference on Computer Supported Cooperative Work (CSCW)*, pp. 600–611, 2015.

[21] Maria Christoforaki and Panagiotis G. Ipeirotis. STEP: a scalable testing and evaluation platform. In *Proceedings of the 2nd AAAI Conference on Human Computation and Crowdsourcing (HCOMP)*, pp. 41–49, 2014.

[22] Seth Cooper, Firas Khatib, Adrien Treuille, Janos Barbero, Jee-hyung Lee, Michael Beenen, Andrew Leaver-Fay, David Baker, Zoran Popović, and Foldit players. Predicting protein structures with a multiplayer online game. *Nature*, Vol. 466, No. 7307, pp. 756–760, 2010.

[23] Peng Dai, Mausam, and Daniel S. Weld. Decision-theoretic control of crowd-sourced workflows. In *Proceedings of the 24th AAAI Conference on Artificial Intelligence (AAAI)*, pp. 1168–1174, 2010.

[24] Peng Dai, Mausam, and Daniel S. Weld. Artificial intelligence for artificial artificial intelligence. In *Proceedings of the 25th AAAI Conference on Artificial Intelligence (AAAI)*, pp. 1153–1159, 2011.

[25] A. Philip Dawid and Allan M. Skene. Maximum likelihood estimation of observer error-rates using the EM algorithm. *Journal of the Royal Statistical Society. Series C (Applied Statistics)*, Vol. 28, No. 1, pp. 20–28, 1979.

[26] Pinar Donmez, Jaime G. Carbonell, and Jeff Schneider. Efficiently learning the accuracy of labeling sources for selective sampling. In *Proceedings of the 15th ACM SIGKDD International Conference on Knowledge Discovery and Data Mining (SIGKDD)*, pp. 259–268, 2009.

[27] Pinar Donmez, Jaime G. Carbonell, and Jeff Schneider. A probabilistic framework to learn from multiple annotators with time-varying accuracy. In *Proceedings of the SIAM International Conference on Data Mining (SDM)*, pp. 826–837, 2010.

[28] Lei Duan, Satoshi Oyama, Haruhiko Sato, and Masahito Kurihara. Separate or joint? Estimation of multiple labels from crowd-sourced annotations. *Expert Systems with Applications*, Vol. 41, No. 13, pp. 5723–5732, 2014.

[29] Claire Ellul, Suneeta Gupta, Mordechai Muki Haklay, and Kevin Bryson. A platform for location based app development for citizen science and community mapping. In *Progress in Location-Based Services*, pp. 71–90. Springer, 2013.

[30] Theodoros Evgeniou and Massimiliano Pontil. Regularized multi–task learning. In *Proceedings of the 10th ACM SIGKDD International Conference on Knowledge Discovery and Data mining (SIGKDD)*, pp. 109–117, 2004.

[31] Usama Fayyad, Gregory Piatetsky-Shapiro, and Padhraic Smyth. From data mining to knowledge discovery in databases. *AI Magazine*, Vol. 17, No. 3, pp. 37–54, 1996.

[32] Beth Trushkowsky, Tim Kraska, Michael J. Franklin, and Purnamrita Sarkar. Crowdsourced enumeration queries. In *Proceedings of the 2013 IEEE International Conference on Data Engineering (ICDE)*, pp. 673–684, 2013.

[33] Raghu K. Ganti, Fan Ye, and Hui Lei. Mobile crowdsensing: current state and future challenges. *IEEE Communications Magazine*, Vol. 49, No. 11, pp. 32–39, 2011.

[34] Ryan Gomes, Peter Welinder, Andreas Krause, and Pietro Perona. Crowdclustering. In *Advances in Neural Information Processing Systems 24*, pp. 558–566, 2011.

[35] Robin Hanson. Combinatorial information market design. *Information Systems Frontiers*, Vol. 5, No. 1, pp. 107–119, 2003.

[36] Chien-Ju Ho, Aleksandrs Slivkins, Siddharth Suri, and Jennifer Wortman Vaughan. Incentivizing high quality crowdwork. In *Proceedings of the 24th International Conference on World Wide Web (WWW)*, pp. 419–429, 2015.

[37] Jeff Howe. The rise of crowdsourcing. *Wired Magazine*, 2006.

[38] Panagiotis G. Ipeirotis. How good are you, Turker?. 2009.

http://www.behind-the-enemy-lines.com/2009/01/how-good-are-you-turker.html

[39] Panagiotis G. Ipeirotis. Demographics of Mechanical Turk. Technical Report CeDER-10-01, NYU Center for Digital Economy Research Working Paper, 2010.

[40] Panagiotis G. Ipeirotis and Evgeniy Gabrilovich. Quizz: targeted crowdsourcing with a billion (potential) users. In *Proceedings of the 23rd International Conference on World Wide Web (WWW)*, pp. 143–154. ACM, 2014.

[41] Panagiotis G. Ipeirotis, Foster Provost, and Jing Wang. Quality management on Amazon Mechanical Turk. In *Proceedings of the ACM SIGKDD Workshop on Human Computation (HCOMP)*, pp. 64–67, 2010.

[42] Leslie Pack Kaelbling. *Learning in embedded systems*. PhD thesis, Department of Computer Science, Stanford University, 1990.

[43] Hiroshi Kajino, Hiromi Arai, and Hisashi Kashima. Preserving worker privacy in crowdsourcing. *Data Mining and Knowledge Discovery*, Vol. 28, No. 5-6, pp. 1314–1335, 2014.

[44] Hiroshi Kajino, Yukino Baba, and Hisashi Kashima. Instance-privacy preserving crowdsourcing. In *Proceedings of the 2nd AAAI Conference on Human Computation and Crowdsourcing (HCOMP)*, pp. 96–103, 2014.

[45] Hiroshi Kajino, Yuta Tsuboi, and Hisashi Kashima. A convex formulation for learning from crowds. In *Proceedings of the 26th AAAI Conference on Artificial Intelligence (AAAI)*, pp. 73–79, 2012.

[46] Ece Kamar, Severin Hacker, and Eric Horvitz. Combining human and machine intelligence in large-scale crowdsourcing. In *Proceedings of the 11th International Conference on Autonomous Agents*

*and Multiagent Systems (AAMAS)*, pp. 467–474, 2012.

[47] Alexander Kawrykow, Gary Roumanis, Alfred Kam, Daniel Kwak, Clarence Leung, Chu Wu, Eleyine Zarour, Phylo players, Luis Sarmenta, Mathieu Blanchette, and Jérôme Waldispühl. Phylo: a citizen science approach for improving multiple sequence alignment. *PLoS ONE*, Vol. 7, No. 3, p. e31362, 2012.

[48] Gabriella Kazai, Jaap Kamps, Marijn Koolen, and Natasa Milic-Frayling. Crowdsourcing for book search evaluation: impact of hit design on comparative system ranking. In *Proceedings of the 34th international ACM SIGIR conference on Research and Development in Information Retrieval (SIGIR)*, pp. 205–214, 2011.

[49] Aniket Kittur, Ed H. Chi, and Bongwon Suh. Crowdsourcing user studies with Mechanical Turk. In *Proceedings of the SIGCHI Conference on Human Factors in Computing Systems (CHI)*, pp. 453–456, 2008.

[50] Aniket Kittur, Jeffrey V. Nickerson, Michael S. Bernstein, Elizabeth Gerber, Aaron Shaw, John Zimmerman, Matt Lease, and John Horton. The future of crowd work. In *Proceedings of the 2013 Conference on Computer Supported Cooperative Work (CSCW)*, pp. 1301–1318, 2013.

[51] Aniket Kittur, Boris Smus, Susheel Khamkar, and Robert E. Kraut. Crowdforge: crowdsourcing complex work. In *Proceedings of the 24th Annual ACM Symposium on User Interface Software and Technology (UIST)*, pp. 43–52, 2011.

[52] Anand Kulkarni, Matthew Can, and Björn Hartmann. Collaboratively crowdsourcing workflows with turkomatic. In *Proceedings of the ACM 2012 conference on Computer Supported Cooperative Work (CSCW)*, pp. 1003–1012, 2012.

[53] Anand Kulkarni, Philipp Gutheim, Prayag Narula, David

Rolnitzky, Tapan Parikh, and Björn Hartmann. MobileWorks:designing for quality in a managed crowdsourcing architecture. *IEEE Internet Computing*, Vol. 16, No. 5, pp. 28–35, 2012.

[54] Walter S. Lasecki, Young Chol Song, Henry Kautz, and Jeffrey P. Bigham. Real-time crowd labeling for deployable activity recognition. In *Proceedings of the 2013 Conference on Computer Supported Cooperative Work (CSCW)*, pp. 1203–1212, 2013.

[55] Edith Law, Paul N. Bennett, and Eric Horvitz. The effects of choice in routing relevance judgments. In *Proceedings of the 34th international ACM SIGIR conference on Research and Development in Information Retrieval (SIGIR)*, pp. 1127–1128, 2011.

[56] Edith Law and Luis von Ahn. *Human Computation*. Morgan & Claypool Publishers, 2011.

[57] Edith Law, Luis von Ahn, Roger B. Dannenberg, and Mike Crawford. TagATune: a game for music and sound annotation. In *Proceedings of the 8th International Conference on Music Information Retrieval (ISMIR)*, Vol. 3, p. 2, pp. 361–364, 2007.

[58] Hongwei Li, Bo Zhao, and Ariel Fuxman. The wisdom of minority: discovering and targeting the right group of workers for crowdsourcing. In *Proceedings of the 23rd International Conference on World Wide Web (WWW)*, pp. 165–176. ACM, 2014.

[59] Christopher H. Lin, Mausam, and Daniel S. Weld. Crowdsourcing control: moving beyond multiple choice. In *Proceedings of the 28th Conference on Uncertainty in Artificial Intelligence (UAI)*, 2012.

[60] Christopher H. Lin, Mausam, and Daniel S. Weld. Dynamically switching between synergistic workflows for crowdsourcing. In *Proceedings of the 26th AAAI Conference on Artificial Intelligence*

*(AAAI)*, pp. 87–93, 2012.

[61] John Michael Linacre. PROX with missing data, or known item or person measures. *Rasch Measurement Transactions*, Vol. 8, No. 3, p. 378, 1994.

[62] Chris J. Lintott, Kevin Schawinski, Anže Slosar, Kate Land, Steven P. Bamford, Daniel Thomas, M. Jordan Raddick, Robert C. Nichol, Alex Szalay, Dan Andreescu, Phil Murray, and Jan Vandenberg. Galaxy Zoo: morphologies derived from visual inspection of galaxies from the Sloan Digital Sky Survey. *Monthly Notices of the Royal Astronomical Society*, Vol. 389, No. 3, pp. 1179–1189, 2008.

[63] Greg Little, Lydia B. Chilton, Max Goldman, and Robert C. Miller. Exploring iterative and parallel human computation processes. In *Proceedings of the ACM SIGKDD Workshop on Human Computation (HCOMP)*, pp. 68–76, 2010.

[64] Greg Little, Lydia B. Chilton, Max Goldman, and Robert C. Miller. Turkit: human computation algorithms on mechanical turk. In *Proceedings of the 23rd Annual ACM Symposium on User Interface Software and Technology (UIST)*, pp. 57–66, 2010.

[65] Greg Little and Yu-An Sun. Human OCR: insights from a complex human computation process. In *Proceedings of CHI 2011 Workshop on Crowdsourcing and Human Computation*, pp. 8–11, 2011.

[66] Adam Marcus, Eugene Wu, David R. Karger, Samuel Madden, and Robert C. Miller. Human-powered sorts and joins. *Proceedings of the VLDB Endowment*, Vol. 5, No. 1, pp. 13–24, 2011.

[67] Winter Mason and Duncan J. Watts. Financial incentives and the "performance of crowds". In *Proceedings of the ACM SIGKDD Workshop on Human Computation (HCOMP)*, pp. 77–85, 2009.

[68] Shigeo Matsubara and Meile Wang. Preventing participation of insincere workers in crowdsourcing by using pay-for-performance payments. *IEICE Transactions on Information and Systems*, Vol. E97D, pp. 2415–2422, 2014.

[69] Toshiko Matsui, Yukino Baba, Toshihiro Kamishima, and Hisashi Kashima. Crowdordering. In *Proceedings of the 18th Pacific-Asia Conference on Knowledge Discovery and Data Mining (PAKDD)*, pp. 336–347, 2014.

[70] Sam Mavandadi, Stoyan Dimitrov, Steve Feng, Frank Yu, Uzair Sikora, Oguzhan Yaglidere, Swati Padmanabhan, Karin Nielsen, and Aydogan Ozcan. Distributed medical image analysis and diagnosis through crowd-sourced games: a malaria case study. *PLoS ONE*, Vol. 7, No. 5, p. e37245, 2012.

[71] Benny Moldovanu and Aner Sela. Contest architecture. *Journal of Economic Theory*, Vol. 126, No. 1, pp. 70–96, 2006.

[72] Noam Nisan. Introduction to mechanism design (for computer scientists). *Algorithmic game theory*, Vol. 209, p. 242, 2007.

[73] Masaaki Oka, Taiki Todo, Yuko Sakurai, and Makoto Yokoo. Predicting own action: self-fulfilling prophecy induced by proper scoring rules. In *Proceedings of the 2nd AAAI Conference on Human Computation and Crowdsourcing (HCOMP)*, pp. 184–191, 2014.

[74] Satoshi Oyama, Yukino Baba, Ikki Ohmukai, Hiroaki Dokoshi, and Hisashi Kashima. From one star to three stars: upgrading legacy open data using crowdsourcing. In *Proceedings of the 2015 IEEE International Conference on Data Science and Advanced Analytics (DSAA)*, 2015.

[75] Satoshi Oyama, Yukino Baba, Yuko Sakurai, and Hisashi Kashima. Accurate integration of crowdsourced labels using workers' self-reported confidence scores. In *Proceedings of the 23rd*

*International Joint Conference on Artificial Intelligence (IJCAI)*, pp. 2554–2560, 2013.

[76] Jeff Pasternack and Dan Roth. Latent credibility analysis. In *Proceedings of the 22nd International Conference on World Wide Web (WWW)*, pp. 1009–1020, 2013.

[77] David M. Pennock. A dynamic pari-mutuel market for hedging, wagering, and information aggregation. In *Proceedings of the 5th ACM Conference on Electronic Commerce (EC)*, pp. 170–179. ACM, 2004.

[78] Chris Piech, Jon Huang, Zhenghao Chen, Chuong Do, Andrew Ng, and Daphne Koller. Tuned models of peer assessment in MOOCs. In *Proceedings of the 6th International Conference on Educational Data Mining (EDM)*, pp. 153–160, 2013.

[79] Moo-Ryong Ra, Bin Liu, Tom F. La Porta, and Ramesh Govindan. Medusa: a programming framework for crowd-sensing applications. In *Proceedings of the 10th International Conference on Mobile Systems, Applications, and Services (MobiSys)*, pp. 337–350, 2012.

[80] Vikas C. Raykar and Shipeng Yu. Ranking annotators for crowdsourced labeling tasks. In *Advances in Neural Information Processing Systems 24*, pp. 1809–1817, 2011.

[81] Vikas C. Raykar, Shipeng Yu, Linda H. Zhao, Gerardo H. Valadez, Charles Florin, Luca Bogoni, and Linda Moy. Learning from crowds. *Journal of Machine Learning Research*, Vol. 11, pp. 1297–1322, 2010.

[82] Vikas C. Raykar, Shipeng Yu, Linda H. Zhao, Anna Jerebko, Charles Florin, Gerardo Hermosillo Valadez, Luca Bogoni, and Linda Moy. Supervised learning from multiple experts: whom to trust when everyone lies a bit. In *Proceedings of the 26th Annual*

*International Conference on Machine Learning (ICML)*, ACM, pp. 889–896, 2009.

[83] Mark D. Reckase. *Multidimensional item response theory.* Springer, 2009.

[84] Sasank Reddy, Deborah Estrin, and Mani Srivastava. Recruitment framework for participatory sensing data collections. In *Proceedings of the 8th International Conference on Pervasive Computing (Pervasive)*, pp. 138–155, 2010.

[85] Jakob Rogstadius, Vassilis Kostakos, Aniket Kittur, Boris Smus, Jim Laredo, and Maja Vukovic. An assessment of intrinsic and extrinsic motivation on task performance in crowdsourcing markets. In *Proceedings of the 5th International AAAI Conference on Weblogs and Social Media (ICWSM)*, pp. 321–328, 2011.

[86] Jeffrey M. Rzeszotarski and Aniket Kittur. Instrumenting the crowd: using implicit behavioral measures to predict task performance. In *Proceedings of the 24th Annual ACM symposium on User Interface Software and Technology (UIST)*, pp. 13–22, 2011.

[87] Yuko Sakurai, Tenda Okimoto, Masaaki Oka, Masato Shinoda, and Makoto Yokoo. Ability grouping of crowd workers via reward discrimination. In *Proceedings of the 1st AAAI Conference on Human Computation and Crowdsourcing (HCOMP)*, pp. 147–155, 2013.

[88] Fumiko Samejima. Estimation of latent ability using a response pattern of graded scores. *Psychometrika monograph supplement*, 1969.

[89] Nitin Seemakurty, Jonathan Chu, Luis von Ahn, and Anthony Tomasic. Word sense disambiguation via human computation. In *Proceedings of the ACM SIGKDD Workshop on Human Computation (HCOMP)*, pp. 60–63, 2010.

[90] Colin Shearer. The CRISP-DM model: the new blueprint for data mining. *Journal of Data Warehousing*, Vol. 5, No. 4, pp. 13–22, 2000.

[91] Victor S. Sheng, Foster Provost, and Panagiotis G. Ipeirotis. Get another label? improving data quality and data mining using multiple, noisy labelers. In *Proceeding of the 14th ACM SIGKDD International Conference on Knowledge Discovery and Data Mining (KDD)*, pp. 614–622, 2008.

[92] M. Silberman, Lilly Irani, and Joel Ross. Ethics and tactics of professional crowdwork. *ACM XRDS*, Vol. 17, No. 2, pp. 39–43, 2010.

[93] Rion Snow, Brendan O'Connor, Daniel Jurafsky, and Andrew Ng. Cheap and fast—but is it good? : evaluating non-expert annotations for natural language tasks. In *Proceedings of the Conference on Empirical Methods in Natural Language Processing (EMNLP)*, pp. 254–263, 2008.

[94] Brian L. Sullivan, Christopher L. Wood, Marshall J. Iliff, Rick E. Bonney, Daniel Fink, and Steve Kelling. eBird: a citizen-based bird observation network in the biological sciences. *Biological Conservation*, Vol. 142, No. 10, pp. 2282–2292, 2009.

[95] Andrei Tamilin, Iacopo Carreras, Emmanuel Ssebaggala, Alfonse Opira, and Nicola Conci. Context-aware mobile crowdsourcing. In *Proceedings of the 2012 ACM Conference on Ubiquitous Computing (UbiComp)*, pp. 717–720, 2012.

[96] John C. Tang, Manuel Cebrian, Nicklaus A. Giacobe, Hyun-Woo Kim, Taemie Kim, and Douglas Beaker Wickert. Reflecting on the darpa red balloon challenge. *Communications of the ACM*, Vol. 54, No. 4, pp. 78–85, 2011.

[97] Douglas Turnbull, Ruoran Liu, Luke Barrington, and Gert R. G.

Lanckriet. A game-based approach for collecting semantic annotations of music. In *Proceedings of the 8th International Conference on Music Information Retrieval (ISMIR)*, Vol. 7, pp. 535–538, 2007.

[98] Lav R. Varshney. Privacy and reliability in crowdsourcing service delivery. In *Proceedings of the 2012 Annual SRII Global Conference*, pp. 55–60, 2012.

[99] Fernanda B. Viegas, Martin Wattenberg, Frank van Ham, Jesse Kriss, and Matt McKeon. Manyeyes: a site for visualization at internet scale. *IEEE Transactions on Visualization and Computer Graphics*, Vol. 13, No. 6, pp. 1121–1128, 2007.

[100] Luis von Ahn. Games with a purpose. *Computer*, Vol. 39, No. 6, pp. 92–94, 2006.

[101] Luis von Ahn, Manuel Blum, and John Langford. Telling humans and computers apart automatically. *Communications of the ACM*, Vol. 47, No. 2, pp. 56–60, 2004.

[102] Luis von Ahn and Laura Dabbish. Labeling images with a computer game. In *Proceedings of the SIGCHI Conference on Human Factors in Computing Systems (CHI)*, pp. 319–326, 2004.

[103] Luis von Ahn, Mihir Kedia, and Manuel Blum. Verbosity: a game for collecting common-sense facts. In *Proceedings of the SIGCHI Conference on Human Factors in Computing Systems (CHI)*, pp. 75–78, 2006.

[104] Luis von Ahn, Ruoran Liu, and Manuel Blum. Peekaboom: a game for locating objects in images. In *Proceedings of the SIGCHI Conference on Human Factors in Computing Systems (CHI)*, pp. 55–64, 2006.

[105] Luis von Ahn, Benjamin Maurer, Colin McMillen, David Abraham, and Manuel Blum. reCAPTCHA: human-based character

recognition via web security measures. *Science*, Vol. 321, No. 5895, pp. 1465–1468, 2008.

[106] Daniel S. Weld, Eytan Adar, Lydia B. Chilton, Raphael Hoffmann, Eric Horvitz, Mitchell Koch, James Landay, Christopher H. Lin, and Mausam. Personalized online education — a crowdsourcing challenge. In *Proceedings of the 4th Human Computation Workshop (HCOMP)*, pp. 159–163, 2012.

[107] Peter Welinder, Steve Branson, Serge Belongie, and Pietro Perona. The multidimensional wisdom of crowds. In *Advances in Neural Information Processing Systems 23*, pp. 2424–2432, 2010.

[108] Jacob Whitehill, Paul Ruvolo, Tingfan Wu, Jacob Bergsma, and Javier Movellan. Whose vote should count more: optimal integration of labels from labelers of unknown expertise. In *Advances in Neural Information Processing Systems 22*, pp. 2035–2043, 2009.

[109] Kyle W. Willett, Chris J. Lintott, Steven P. Bamford, Karen L. Masters, Brooke D. Simmons, Kevin R. V. Casteels, Edward M. Edmondson, Lucy F. Fortson, Sugata Kaviraj, William C. Keel, Thomas Melvin, Robert C. Nichol, M. Jordan Raddick, Kevin Schawinski, Robert J. Simpson, Ramin A. Skibba, Arfon M. Smith, and Daniel Thomas. Galaxy Zoo 2: detailed morphological classifications for 304 122 galaxies from the Sloan Digital Sky Survey. *Monthly Notices of the Royal Astronomical Society*, p. stt1458, 2013.

[110] Wesley Willett, Jeffrey Heer, and Maneesh Agrawala. Strategies for crowdsourcing social data analysis. In *Proceedings of the SIGCHI Conference on Human Factors in Computing Systems (CHI)*, pp. 227–236, 2012.

[111] Edwin B. Wilson. Probable inference, the law of succession, and statistical inference. *Journal of the American Statistical Association*, Vol. 22, No. 158, pp. 209–212, 1927.

[112] Christopher L. Wood, Brian L. Sullivan, Marshall J. Iliff, Daniel Fink, and Steve Kelling. eBird: engaging birders in science and conservation. *PLOS Biology*, Vol. 9, No. 12, p. 2476, 2011.

[113] Yexiang Xue, Bistra Dilkina, Theodoros Damoulas, Daniel Fink, Carla Gomes, and Steve Kelling. Improving your chances: boosting citizen science discovery. In *Proceedings of the 1st AAAI Conference on Human Computation and Crowdsourcing (HCOMP)*, pp. 198–206, 2013.

[114] Yan Yan, Rómer Rosales, Glenn Fung, and Jennifer G. Dy. Active learning from crowds. In *Proceedings of the 28th International Conference on Machine Learning (ICML)*, pp. 1161–1168, 2011.

[115] Ming Yin, Yiling Chen, and Yu-An Sun. The effects of performance-contingent financial incentives in online labor markets. In *Proceedings of the 27th AAAI Conference on Artificial Intelligence (AAAI)*, pp. 1191–1197, 2013.

[116] Lixiu Yu, Aniket Kittur, and Robert E. Kraut. Distributed analogical idea generation: inventing with crowds. In *Proceedings of the SIGCHI Conference on Human Factors in Computing Systems (CHI)*, pp. 1245–1254, 2014.

[117] Lixiu Yu and Jeffrey V. Nickerson. Cooks or cobblers?: crowd creativity through combination. In *Proceedings of the SIGCHI Conference on Human Factors in Computing Systems (CHI)*, pp. 1393–1402, 2011.

[118] Man-Ching Yuen, Irwin King, and Kwong-Sak Leung. TaskRec: probabilistic matrix factorization in task recommendation in crowdsourcing systems. In *Proceedings of the 19th International Conference on Neural Information Processing (ICONIP)*, pp. 516–525, 2012.

[119] Haoqi Zhang, Eric Horvitz, and David Parkes. Automated work-

flow synthesis. In *Proceedings of the 27th AAAI Conference on Artificial Intelligence (AAAI)*, pp. 1020–1026, 2013.

[120] Yaling Zheng, Stephen Scott, and Kun Deng. Active learning from multiple noisy labelers with varied costs. In *Proceedings of the 10th IEEE International Conference on Data Mining (ICDM)*, pp. 639–648, 2010.

[121] ジョン・ダンロスキー, ジャネット・メトカルフェ（著）, 湯川良三, 金城光, 清水寛之（訳）. メタ認知 基礎と応用. 北大路書房, 2010.

[122] エリック・ブリニョルフソン, アンドリュー・マカフィー（著）, 村井章子（訳）. 機械との競争. 日経 BP 社, 2013.

[123] 大向一輝. オープンデータとクラウドソーシングの親和性—タスク設計と品質管理に関する検討—. 情報処理, Vol. 56, No. 9, pp. 880–885, 2015.

[124] 村木英治. 項目反応理論. 朝倉書店, 2011.

[125] 元田浩, 津本周作, 山口高平, 沼尾正行. データマイニングの基礎. オーム社, 2006.

[126] 佐久間淳, 小林重信. プライバシ保護データマイニング. 人工知能学会誌, Vol. 24, No. 2, pp. 283–294, 2009.

[127] 下坂正倫. クラウドセンシングの研究動向. 情報処理, Vol. 56, No. 9, pp. 891–894, 2015.

[128] 梶野洸, 荒井ひろみ, 佐久間淳, 鹿島久嗣. クラウドソーシングにおけるプライバシ保護タスク割り当て. 第 29 回人工知能学会全国大会, 2015.

[129] 水山元. 予測市場とその周辺. 人工知能学会誌, Vol. 29, No. 1, pp.34–40, 2014.

# 索 引

## 欧文



## あ行



## か行



## さ行



## た行



## な行



## は行



## ま行



## や行



## ら行



## わ行

## 著者紹介

鹿島久嗣　博士（情報学）
2007 年　京都大学大学院情報学研究科知能情報学専攻博士後期課程修了
現　在　京都大学大学院情報学研究科 教授

小山　聡　博士（情報学）
2002 年　京都大学大学院情報学研究科社会情報学専攻博士後期課程修了
現　在　北海道大学大学院情報科学研究科 准教授

馬場雪乃　博士（情報理工学）
2012 年　東京大学大学院情報理工学系研究科創造情報学専攻博士課程修了
現　在　京都大学大学院情報学研究科 助教

NDC007　127p　21cm

---

**機械学習プロフェッショナルシリーズ**
**ヒューマンコンピュテーションとクラウドソーシング**

2016 年 4 月 19 日　第 1 刷発行

著　者　鹿島久嗣・小山　聡・馬場雪乃
発行者　鈴木　哲
発行所　株式会社　講談社
〒 112-8001　東京都文京区音羽 2-12-21
販売　(03)5395-4415
業務　(03)5395-3615
編　集　株式会社　講談社サイエンティフィク
代表　矢吹俊吉
〒 162-0825　東京都新宿区神楽坂 2-14　ノービィビル
編集　(03)3235-3701
本文データ制作　藤原印刷株式会社
カバー・表紙印刷　豊国印刷株式会社
本文印刷・製本　株式会社　講談社

---

落丁本・乱丁本は，購入書店名を明記のうえ，講談社業務宛にお送りください．送料小社負担にてお取替えします．なお，この本の内容についてのお問い合わせは，講談社サイエンティフィク宛にお願いいたします．定価はカバーに表示してあります．



Printed in Japan

ISBN 978-4-06-152913-7